U0339333

传习书系

曹群
白蓝
赵格
著

同济大学出版社
TONGJI UNIVERSITY PRESS

图书在版编目（CIP）数据

白氏机语 / 曹群，白蓝，赵格著. -- 上海：同济大学出版社，2016.9
（传习）
ISBN 978-7-5608-6387-0
Ⅰ. ①白… Ⅱ. ①曹… ②白… ③赵… Ⅲ. ①椅—设计 Ⅳ. ①TS665.4
中国版本图书馆CIP数据核字(2016)第126867号

白氏机语

曹群 白蓝 赵格 著

出 版 人：华春荣
策　　划：秦蕾 / 群岛工作室
书籍设计：赵格 曹群 / 北京看好艺术设计机构
摄　　影：邹斌
责任编辑：秦蕾
特约编辑：李争
责任校对：徐春莲

版　　次：2016年9月第1版
印　　次：2016年9月第1次印刷
印　　刷：北京世纪恒宇印刷有限公司
开　　本：889mm × 1194mm　1/32
印　　张：8.25
字　　数：185 000
I S B N ：978-7-5608-6387-0
定　　价：69.00元

出版发行：同济大学出版社
地　　址：上海市杨浦区四平路1239号
邮政编码：200092
网　　址：http://www.tongjipress.com.cn
经　　销：全国各地新华书店

序一

我边读边品味《白氏机语》，想了很多……一只杌凳引出多少感情，也是审美教育，如高尔基所说："人都是艺术家，无论在什么地方，总是希望把'美'带到他的生活里去。"

书里有对传统的尊重，对遗产的研究，从理论到设计实践，致广大，尽精微；有对材料的选择，工艺技术的比较：从杌面的厚度、牙板的曲线、挓度、腿枨对接等等。特别是每件家具标注重量，这在其他家具文物图集中极少见到。我敬佩几位青年设计师的刻苦用心。

二零一一年，我中央美术美院毕业六十周年，建筑学院常志刚教授邀我回母校同研究生班同学座谈。我带去早年画的一些图，白蓝同学用手机拍了我摹绘的明式花梨家具，三年后她又来我家看了这些图和王世襄先生为我题字的《明式家具珍赏》。近日，白蓝约曹群、赵格来，我们看图、看画，看我的手绘图纸，畅谈历史、艺术、设计，我衷心感谢三位青年设计师！

三人行必有我师！

周士琦

中国国家博物馆研究员

2014

序 二

你们的书思路好，我们干活的最得益。看王世襄先生的书，大家也得益，尤其是搞收藏的。他的书没有细节，就照片和线图，我们得了个大概尺寸，就按这尺寸和样子做，实际那里头的结构和尺寸都没有。

其实好多传统家具厂老板不知道这东西怎么做，你让他攒一个面儿，他都攒不上。当年我们考八级木工，考的就是这个杌凳。在河北，人家备好料，一天就做这么一个小杌凳，没有详细图纸，就一张照片，十几个人一排沿着大案子做，哪个做得好，人家就挑出来了。这个小杌凳的结构与桌案都是相通的，八仙桌也是这种结构，只是尺寸上有变化，所以考就考这个基本款式。你们得好好研究研究这些家具，这个杌凳算是成了，完了是椅子。椅子不外乎四出头，圈椅，玫瑰椅，就这几种椅子出本书，完了是案子，再完了是大柜子，就这几种家具。 这几本书出完，我们就不请设计师了，照你这个榫卯结构，个个都能做好。 但你们出书不知道谁是读者，所以要严谨，比如说这攒框的做法就是新的，老辈儿不这么处理，你们就得要讲清楚。 过去因为时代的原因，一张桌子明白是八十七个高，他书上给你写成八十二，等你做完了，永远跟不上他这个样子。 现在不一样，连飞机都能给你仿出来更甭说这个了，好东西只要一露市面，全都一样，写书跟那时不同，不过现在也很少有家具的书能写成你们这样的。

白蓝做这个杌凳，人性味儿特别足。 但你们要创新，就要上人家库房里看老家具，上古玩城多瞅瞅。没见过家具，谁也甭吹。 你说这个杌凳多好，多完美，谁都喜欢，这是不可能的事，达不到。

我没啥故事，你们就跟我到车间瞅人家做活去。

石少义

北京 佳木轩

根据石少义先生2014年11月26日录音整理

目录

序 003
引子 011
念头 019
制椅 031
买椅 041
北上 049
获赠 055
再做 069
敏智 083
椿香 091
苏作 099
回头 121
故事 129
一样 141
余地 153
高下 161
老石 177
把握 195
进退 207
意外 223
成堂 235
后记 255
附录 261

根据金陵环翠堂刊
明万历二十七年
汪廷讷撰《人镜阳秋》
版画重绘

杌，皆胡床之别名，但杌之制，方櫈之制脩，皆后人以意为之者。

杌说《三才图会》

[明] 王圻 王思義编集

引子

曹群

自杨耀、王世襄先生始，明式家具收藏、研究和发展日益丰盛，至今时已成大观，与古为师，推陈出新，新派迭出，鱼龙混杂间，亦有动容之作，可谓绝学不绝。纵览业已问世的传统家具研究和鉴赏，诚先有如艾克等西人以理性图之并泽被后人，然论其大宗和细考，莫不以杨耀、王世襄二位先生著述为源，其后随形漫溢，生出支派，再分以时序、哲学、材料、形制、工艺、价值诸多角度加以详释，于藏家有助目力，于梓人有助因循，于论者有助佐证，于商人有助投机，或这四类皆为一人，执笔撰文一抒己见，唯普罗大众皆在门边，难窥堂奥。

白蓝即一普罗女子，身无长物，虽喜爱但不以其为生，因儿时际遇，初为人母便起了传家之念，将之榫接于明式家具中。　我与白蓝相识之前，尚不确信中国是否还有传家一说以及由此说所生发的人与物之间绵密的关联，或这种关联因着历史的种种尴尬而续脉难存，或其所激发的创造潜隐于家族日常生活而不传于世，以至当我听闻传家二字，有种隔世的迷茫和无知，直到白蓝与我讲起她的故事。

作为两个女儿的母亲，白蓝有长沙女子的风骨，聪明、见过世面、性格爽利、心气也高，说话做事快如倾豆。她虽是家中长女，毕竟生得晚了，父亲觉得不易，何以当贺，按湘人规矩，木器为佳，寓生。其父遂请木匠家中制器。彼时湘中木器，寻常家中皆以杉木为主，料虽平易，工却不减半分。若干年后，家庭迁移，器物更淘，仅存旧椅一张。

若只此旧椅，我疑白蓝传家之念是有，但何以与明式家具关联？若是爱，爱从何来？勾起话题，却承祖辈福荫，富家千金和穷小子的故事竟也真真地从她嘴中道出，人非物是，祖母的陪嫁家当给儿时的白蓝在眼光上发蒙，此后于世间看风景便知晓了取舍。只可惜个人的偶然并非大众的必然，在传家文化近乎断代的当下，家族熏养的机缘甚微，白蓝也只得在记忆中捡拾残章，在现世中珍存旧物，方能有了传家之念的去向和其背后生出的力量。

中国人管念头叫作兴，兴是诗，是早春老树新芽要吐出的那种新气，有了如此新气，总要长成个样子来。白蓝有新气，在怀胎十月女人质变的一刻起了兴，因着那张旧椅的旧，她决意为新生的女儿做张新椅，以为传家之物。　此后经年，由椅及杌，待到小女儿出生，白蓝仍未制得如念之物，可幸途中得遇知音雅助，高人点拨，兼家人纵容，一路跌跌撞撞也没将那兴给埋没了去，更在峰回路转间，多看了几眼别样的风光，于传家之念的路上，走上了十年。

十年之间，白蓝的女儿渐次长大。　长女活泼，远远见我就大大方方地走近，叫我声老师，是有了漂亮的礼在。　次女憨敦，每每见我都像要重新认识一番，过会儿就又熟识了，是存了天真的好。　她们都有明亮的新气，如白蓝新制的杌凳，遇见光就生出美来。

白蓝所讲“杌凳”一词，为板凳的北方土话，亦称杌子，《红楼梦》中也寻得六七处，得见京城风土对曹霑文字的影响。　据王世襄先生考据，杌为树无枝，粗粗修裁便可家用，本是不讲究的物件，至今也是街头巷尾寻常之物。　唯其寻常，要做得好用方能长久，庄子讲人世间散木，无用而得以延年，又讲雁不能鸣，杀而烹之，可见用与无用皆非常数，要因人而取。机凳之用，白蓝要取“合”“美”，美是她自己眼里看人生世相的取舍，合是母亲为孩子畅于四肢的生气要找个可以应和的相知，在机凳成器上则是曲直的判别与毫厘的进退，这亦是用与无用的相争，这相争却可长可久。

新制的机凳应如了白蓝传家的念，决意不再做了。她将这一路经历的椅子机凳收拢了来，齐齐摆在我眼前，一张一张地讲。平人语话是去了矫饰的真言，又细又绵，不是微言大义，而是儿女情长，说到一半就转去家中做饭，翌日再来，依旧接得上，术语专词倒是用得极少。又讲起木器厂的老板抱怨，说她暴殄天物，足料的珍材做了板凳，她只是微微地笑。两个女儿间或也来，一眼识得自己的机凳，便高兴地端与我看，白蓝在边上也微微地笑。我想起胡兰成写过：车服器皿的美好，亦是要有人。细思下来，真是这样，唯器用相合，于人是最好的教养。

今天，白蓝已可用熟练的话语来言说传统家具，她站在门边却也将那其中堂奥洞悉一二，只是不愿迈脚进去，怕拘在里面为物所累。和她借予我的书籍图录相较，我更乐意听她讲机凳故事，里边有平人对语的机智，诸事平顺的庆幸，江湖相助的义气，还有世俗生活的天真，俱活生生在那里发光，照得旧椅与新凳也是活生生的。 有时，我也会觉得她奢侈，拿一个传家的念想来激活日常的清碎，这念想是一种对人与物可以彼此慰藉的渴望。 故事听得长了，我便渐渐淡了对传家的迷茫，因为有个真的在，相望已是不必。

白氏机语只是将白蓝的传家故事捡拾起来，收入篮中，怕一路走得快，掉了就找不回来。 她的语速仍旧很快，心气依旧很高，我不知道她还会生起怎样的兴头，讲出怎样的故事，我只能在后面跟着，听她絮叨。 为表真切，书中内文以第一人称行笔，补缀后话以增意趣。

后话:

机凳之后，白蓝工余又开始研制擀面杖，不为传家只为南人北居，不悉面食做法，饺子面条馒头烧饼无一会做。身为家中主厨，她深感惭愧，遂报班学习，周末短训三回俱已掌握基本手法，无奈工具太不堪用，便托同事问询家中长辈，经验之谈胜过书上千言，竟画出图样，分出区别。目下已做得样品分发亲人朋友一用，我亦得一杖，以为擀面艰难，不如按摩愉快。

2013

金丝楠无束腰小杌櫈

仿王世襄旧藏款

杌面245×245mm

高230mm

净重1600g/只

白蓝 制图

2014

金丝楠无束腰小杌櫈

更新款

杌面245×245mm

高230mm

净重1600g/只

白蓝 制图

2014

金丝楠无束腰小杌櫈

阴沉木款一对

杌面245×245mm

高230mm

净重1600g/只

白蓝 制图

2014

金丝楠无束腰小杌櫈

成堂款两对

杌面245×245mm

高230mm

净重1600g/只

白蓝 制图

1981

杉木小椅
通高530mm
座高270mm
座宽305mm
座深258mm
净重1633g/把
白蓝父亲 定做

2010

红檀硬面小灯挂椅
通高660mm
座高270mm
座宽375mm
座深306mm
净重4899g/把
白蓝 仿

2005

俄罗斯橡小木椅一对
通高490mm
座高245mm
座宽260mm
座深285mm
净重3033g/把
白蓝 制图

2010

红檀硬面小杌凳
仿王世襄旧藏款
杌面300×300mm
高280mm
净重4345g/把
白蓝 仿

2005

红酸枝软屉小灯挂椅一对
白蓝 购

2010

柏木小杌凳
杌面248×248mm
高240mm
净重1702g/只
白蓝 购

2009

红酸枝硬面小灯挂椅
通高655mm
座高265mm
座宽380mm
座深305mm
净重5599g/把
白蓝 获赠

2013

金丝楠无束腰小杌櫈
苏作款
杌面245×245mm
高230mm
净重1630g/只
敏智 制图

根据明午荣编《鲁班经匠家镜》

版画重绘

贾母扶着凤姐儿进来，与薛姨妈分宾主坐了，宝钗、湘云坐在下面。王夫人亲自捧了茶来，奉与贾母。李宫裁捧与薛姨妈。贾母向王夫人道：「让他们小妯娌们服侍罢，你在那里坐下，好说话儿。」王夫人方向一张小杌子上坐下，便吩咐凤姐儿道：「老太太的饭放在这里，添了东西来。」

《红楼梦》第三十五回
白玉钏亲尝莲叶羹
黄金莺巧结梅花络

我一九八一年在湖南省衡阳市祁东县城关镇出生，是家里的老大。我出生那年，父亲觉得家里要添人，决定打制些家具，有椅子、柜子和床。那时家家户户做家具都找木匠上门，父亲找了当时祁东县里手艺顶好的木匠。大凡手艺好的匠人都有些性格，所以不管家具做成什么样，别人一提意见他就翻脸。料是自家备下的杉木。湖南盛产杉木，长得快，杆直好取材，木质松，价格适宜。按规矩，请来的木匠，东家要管一天三顿饭。木匠早早地来，晚晚地走，一做就是两个月。待家具做得，父亲单拣了一对椅子上漆，可能是因为柜子和床均属不动的大件，又置于内室，而椅子置于厅堂外室，属常用之物，有颜色，也添些面子。且南方雨季冗长，杉木易腐，一般都从椅足开始。那时的漆色主要还是黑和深红，父亲觉得于家中添丁的新气不合，便依了母亲的意思，给椅子油了一层土黄，是当年时兴的颜色。

我到了二十多岁还没有硬木的概念，回想起来，只有乡下奶奶的家具是硬木的。我小时候跟着奶奶居住生活了好些年，从县城到乡下大概半个小时车程，一得空，在乡下做赤脚医生的姑姑就会接我下去，说带给奶奶看看。

奶奶喜欢热闹，可能是出嫁前在自家宅院的楼上，听惯了往来人客的喧哗和长吁短叹。据传外曾祖父早年在广西一带做生意，颇有收益，中年衣锦还乡，广置田产宅院，图个平安和顺的日子。可时局动荡，待女儿年已及笄，一直未曾配得可靠人家。爷爷生得好看，家贫，读了几年私塾便回到田头。正是读了书，知晓了世事人常，爷爷便把心扎在地里，只做个本分人。外曾祖父相中了爷爷的本分，奶奶便出嫁了。

奶奶陪嫁的家具大都是杞梓木，还有一部分是樟木。樟木驱虫，而杞梓木是硬木当中唯一不驱虫的，二者可算绝配。那些老家具如今还在乡下空宅里，已经二十多年没人用了。我印象深的有柜子和八仙桌，都是素净的样子。只记得柜门的合页是亮亮的白铜，特别厚，一开柜子，就能感觉到柜门与合页两种厚重之间妥帖的机巧。 柜门上的铜锁长长的，奶奶一扭哐啷就开了，我也不时学着奶奶的样去开锁，可怎么也打不开，后来才知道要两手并用才行。 柜里面码叠着家常的衣物，在这些衣物下面有个神秘的去处，是个闷橱。 奶奶会把首饰家当、爷爷的烟丝和好吃的东西都收在闷橱里，每次取东西都要将上面的衣物挪开，揭起闷橱的盖面。有时奶奶会忘了锁柜子，我便偷偷地去揭开闷橱找吃食，但一定会被发现，因为始终摆不齐那些被挪乱的衣物。我小时容易过敏，在田间走一圈就莫名其妙地发烧，全身起疹子，姑姑在家的话打一针就好了，她若不在，奶奶就从闷橱里取一些桂圆干出来，加红糖煮了汤，一喝就好。

那张八仙桌泛着幽幽的黑，连光亮都有些沉。 吃完饭，爷爷点一颗湘莲烟转到后边椅上歇息，奶奶收拾完碗筷回头来擦桌子，三遍之后，桌子面泛出的光，与爷爷嘴里吐出的亮蓝烟气混合成炎夏午后的清朗。 隔壁邻居推门，说是家里新添了男丁，百日的酒要办，张罗齐备了，独独缺张主宾的桌子。 这张黝黑的八仙桌在下午被抬出院门的时候，花了两个男人的力气。

我九岁的时候，母亲工作调动，全家回了省城长沙，在南门口安家，推开临巷子的窗，便能看到天心阁翘翘的飞檐。关于那时的记忆，还是味道占了先，德园包子的馅香、甘长顺的面汤头好，杨裕兴的跑堂伙计单臂托着搁板上十五碗滚烫米粉，送到每张桌上，保准不会错。也还记得母亲是个爱时髦的人，不过几年，除了一张椅子，从祁东带来的家具都换做了组合式样，柜面的四角饰有卷草，一色的亮黄。那张椅子能留下来，则是因为家里人人都用，从没安静待过，侥幸避过了流行的冲洗。但迄今为止，我看彼时家中摆设仍觉俗气，因是奶奶雅素明净的家具淘洗了我的眼睛，母亲没有，流行的样式不禁看，老看就看老了。

二十一岁我离开南门口，到往深圳，从此开始了自己的生活。年轻，离家比归乡的心重，一个拉杆箱也要尽量空些才好。那时的深圳还是一座机会城市，不到一年，我便觉得可以安稳待下去，毋须回湘了。离家时的匆忙，这会子才有些回望，电话那头湘音勾起的街巷与窗外高耸的幕墙相隔千里，但我知道那幕墙后面有无数像我一样的人，过年要回家。

再返深圳时，我带上了那张椅子。既然陪伴过我童年，在家庭迁移和样式更替中它一直在，那就不要缺席我未来的人生。 尔后数年，几次搬家，大件家具没存一件，仍独留下这张椅子，磕来碰去，土黄漆面剥落，凹痕累累，但无丝毫松动，今天还在用。 我看着它常会想起父亲母亲，还有父亲嘴中那县城里怪脾气的木匠。

二零零四年底，我怀大女儿妞妞。 怀孕第十八周，腹中胎动的那一刻，我的心思也变得不一样，种了颗心苗，要给自己孩子留一张椅子，让她离家后有个熟悉的物件伴着她，说穿了，就是可以让她常常想起我。 现在想来，传家可能就是这样一缕母亲的私心，只觉得睹物思人的物应该有好看的样子，耐得住人世的洗练。
当时我并不知道，为了这点私心要花上十年的功夫。

后话:

念字由今和心两字组成，奶奶爷爷父亲母亲女儿都是白蓝今天心里装着的人，这些人也是她念头的源起。人心是非常的强大，在装下世界的同时还要将之做个妥善的安排。

1981

杉木小椅

通高530mm

座高270mm

座宽305mm

座深258mm

净重1633g/把

白蓝父亲 定做

回头来看，这杉木小椅榫卯接得不甚讲究，为了牢靠，使了铁钉穿连，是传统木器行里说的蠢做法。

根据明午荣编《鲁班经匠家镜》

版画重绘

制椅

椅有：圈椅、靠背椅、太师、鬼子诸式。

扬州画舫录　卷十七　［清］　李斗

二零零五年中，妞妞快六个月，在摇篮里快活着，我就在她身边画图。　有时抱抱她，总觉得生命无依，就把椅子背画成小弧面的，中间掏个椭圆的扣手，有个舒服的依靠。　有时看她蹬腿，总觉得长大要走的，就将椅子腿连成曲线，有个轮子的意思。　那时对明式家具还没有认知，脑里都是些西式的样子，画图时的心思就是要不一样，不一样就好。　因有室内设计的经验，我把尺寸规格都细细地标好，几轮图纸后，终觉完美，就找材料，到家具市场上寻摸了一圈，最好的是俄罗斯橡木。　剩下就是工了，合作的装修队就有上好的木匠，找来一说，当下就备料开工。　中途间或看过几次，丁是丁，卯是卯，都依图而制。　这一路顺畅，我只需摇篮边上，坐等椅来，心中已是满满的高兴。　不出半月，电话来问漆色，这倒还没想过，又在图纸上配了配色，还是喜欢素雅，就定下清漆，只是腿上做些深色，于活泼中求些稳当，这是当时的见识。　再数日，椅子新成，拿得家来，人人喜欢。　抱妞妞上去，她似乎也安安的不哭闹。　我想，这可好，总比我爸留的那张椅子强。念已了，日子平常过，旧椅新椅排排坐，看看也是喜欢。可日子一长，我又有些不安，因每每坐椅子，总会无意间选择旧椅子坐。　这种无意的选择至今我也说不明白，不是乡思，也不是念旧，大概是书上写的韵味，但总是虚言。　想想父亲也不会有我如今的见识，设计二字不会从他嘴里说出，更何况审美，他只晓得请到好木匠，就把心放下。　想想那木匠怎会有韵味的心思，不急不慢地做出来，只是如此。　新椅用了当时我认为的好料，线条巧拙，细微的曲面也都一一做成，结构交接的方式是室内装修的路子——粘接和螺丝锚固，锚固的点都安排成简约的装饰。　这一切都是我于设计上的自信，那时对家具设计的理解就是要有个造型，这个造型要独特，市面上是没有的。　这对新椅摆在厅中，客人来时有些夸赞，但平日家中，渐无人问津，或人客多了，一时拿来顶用。　有时我抱妞妞于厅中踱步，哄她入睡，累了我便一屁股坐下，歇了好一阵，起来回身，才见仍是坐了旧椅，真让我有些惆怅了。

新椅我渐渐不太喜欢，传家有些勉强。 妞妞还不会说话，待她能言，该如何说？一想，我更是不安。到底出了什么问题？功能？形式？材质？颜色？结构？我在心里开了串清单，跑到书店翻书，期待书中有个大师跳出来。 其时我还未关注到明式家具，仍在西式设计的世界里转悠，重做的心已定，可该做成什么样呢？

后话:

白蓝后来买下一对红酸枝小灯挂椅子，以为给孩子传家的物件有了着落，就将这对自己设计的橡木椅子送了她表姐。她表姐有两个孩子，一人一张，合适。最近因为要整理，白蓝打电话央表姐寄来一张，她表姐一听，就哈哈地笑，说，我这对椅子也值钱了？原来她表姐家近年换了几个城市，先后搬了三次家，就留下这对椅子，白蓝说，没想到我当年的用心，在她那是个好去处。椅子寄到，装在一个结实的松木箱中，除了椅子，还有一包给妞妞的衣物，白蓝说表姐家的孩子长得快，新裳很快不合，于妞妞倒是合的。

2005
俄罗斯橡小木椅一对
通高490mm
座高245mm
座宽260mm
座深285mm
净重3033g/把
白蓝　制图

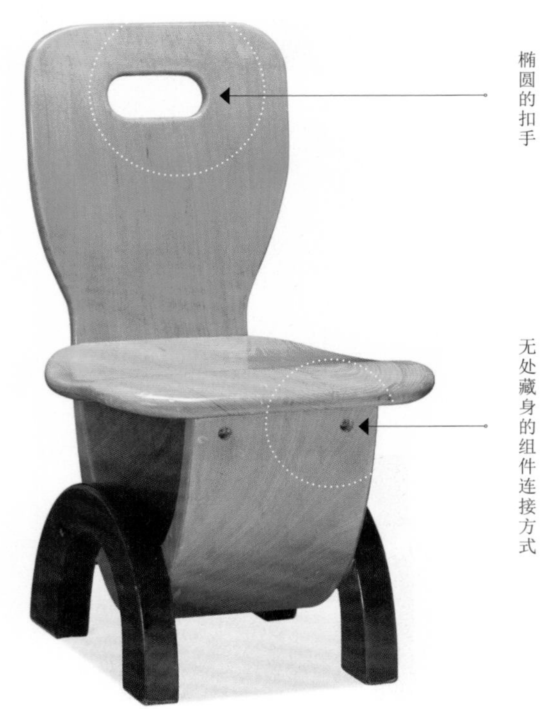
椭圆的扣手
无处藏身的组件连接方式

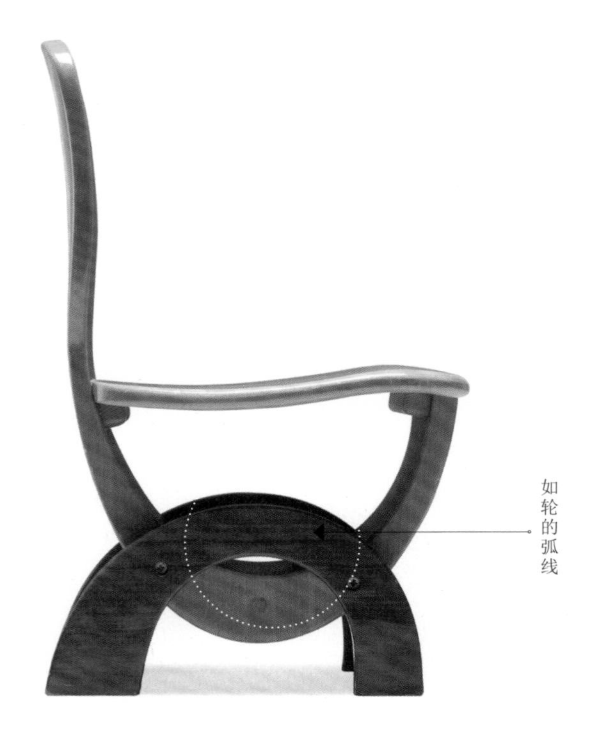
如轮的弧线

根据明崇祯刊沈泰辑

《名家杂剧·精绘绣像诸名公评阅三十种》

版画重绘

据传世实物及画本所见，我们知道在搭脑出头的靠背椅中，一种面宽较窄，靠背比例较高、靠背板由木板造成的椅子是最常见的形式，北京匠师称它为「灯挂椅」。

《王世襄集·明式家具研究》

二零零五年春节，妞妞还在蹒跚学步，亲朋友戚常来看她长大，家中聚会不少。　我很多朋友常在市面上跑动，对深圳倒是比我熟知很多。　某日聚会，一位朋友见我画的椅子图纸，夸赞一番，我心有戚戚，道出不安。　朋友在那旧椅上略略坐了一坐，起身说，你最好去吴先生的店里看看，或有助益。　我心头一喜，真有大师跳出来了，一打听方知吴先生的家具是那时国内传统红木家具中顶好的，在南方很有口碑。　我于红木尚在门外，无知无畏，十五一过就跑到他家店里去看。

店中人少，条案几榻桌椅床柜，皆各具其形，色泽大多深沉，顶上射灯一照，个个精神。　其间我对柜桌有些面善，看了一圈，似无所获，转身要走，瞥见一对小椅子，当间是张围棋桌子，俯身一看标签，上书：红酸枝软藤屉小灯挂椅。　再看椅子，个子低低，藤面编得精细，四边圆润，腿足横撑上有板，成曲线，柔和得紧，腿足似圆似方，略有边线装饰。 我边看边将我做的那对椅子来比，似又无法可比。 若说精致，不及这杌凳的一条曲线，若说颜色，我的浅淡，他的深沉，久看倒觉得浅淡变成浅薄了。

良久，有人近来询问意向，我误为店员，没答话，待回过神来，发现竟是吴先生本人。 原来他一有空就会到店中巡看，见我在椅前不走，便上来问问。 这对小椅初为他下棋之用，只做一对，在样式上沿了苏作，尺寸调校得略小些。 我问他为何少做，他说传统红木家具市场上，成对成堂的大件最是招人喜欢，于收藏增值有益，做起来也有劲头，而诸如文房摆件和这类小椅耗工耗时耗材又狭于市场，平时也难得拿心思来做，这类小椅子基本是用做大件余料制得，用来成全刚入门的爱好者。 这对椅子断断续续做了两年，到二零零四年才完成，先拿到店里摆一摆，与其他大件一堂，品种上有个齐全。 我当时懵懂，吴先生话中很多说词从未听过，只是说到年份，又生了兴趣。 因妞妞是二零零四年底出生，这对椅子也始于二零零四年，年份相合，又偶见于店中，又偶见吴先生本人，真是连藤带瓜一并串起来的机缘，正可作传家之物。价格虽贵，却不比他堂中大件，这些钱省省也是拿得出来，便请吴先生让与我。吴先生一听，也觉有缘，仿若为我家孩子准备，又说这对椅子材工俱佳，有南方苏作样式的秀美，传女孩家是恰好的，便割了爱。

椅子取回家中，我老公奇问，家里仅一个孩子，为何要买一对。家具成对成堂似乎是传统里的规矩，若只拿一张回来总觉得欠些什么，我语塞，解释不了。既是贵物，家人也都尊重，置于厅前，偶尔俯身摩挲一番，有些啧啧。夏日昼长，孩子不眠，抱厅中嬉玩，小嘴已是喃喃不绝。时有台风，封门闭户，见窗外芭蕉曳曳，榕枝散散，转眼已入了秋。

其时，有了这对椅子，我以为传家之念已了。因是不解，下班得空便将吴先生的说辞拿了出来，找书读读。既是传统家具，就看收藏，明式家具为上。图录借来几本，书中器物都好，名字也长，多将年代材质颜色内容工艺形制合为一名，如明万历黑漆洒螺钿描金双龙戏珠纹格架，又如黄花梨四出头雕螭纹官帽椅成对，对我而言，这些都是新鲜周全的。但不论图录之物，抑或这对椅子，终有一问在我心头，谁人用？若说古物，必不可考了，即算考得，于今人之用又有何关？但说新器，于家中却仍是赏而无用，覆了那对橡木椅子的旧辙。想来有气，心间一阵秋凉。

后话:

这对红酸枝软藤屉小灯挂椅，在本书的整理过程中未能赶上物流运送。在白蓝看来，这类小椅在形制工材方面已是极佳，于家中不招待见或有其他原因。

2005

清榉木藤编软屉小灯挂椅一对

座高370mm

通高835mm

王世襄 藏

根据图片重绘

根据金陵环翠堂刊明万历二十七年
汪廷讷撰《人镜阳秋》
版画重绘

袭人、麝月、秋纹三个人正和宝玉玩笑呢，见他两个来了，都忙起来笑道：「你们两个来的？怎么碰巧一齐来了。」一面说，一面接过来。玉钏儿便向一张杌子上坐下，莺儿不敢坐，袭人便忙端了个脚踏来，莺儿还不敢坐。

《红楼梦》第三十五回
白玉钏亲尝莲叶羹
黄金莺巧结梅花络

看书多了，我隐隐也觉出明式家具的好，只是半解，又跑去吴先生店里看，机缘已被买了去，难见其人，店员也是半解。　有朋友从香港回，给我带了王世襄先生一套书，《明式家具研究》与《明式家具珍赏》，一本讲得通透，一本赏得脱俗，爱不释手。　后来方知此书是圈中教材，仅将家具构件和做法的名字厘定就开了先河，后人才有了用以交流的语词，此书那时早已脱销了。书读了好几遍，轮廓清晰了不少，但要想再深于我就有了困难。　家具和生活方式息息相关，古时的起居坐卧行与我相差千里，他们是怎么想的我亦难以知晓，仅用形式和功能却也解释不来，很多书上或也提及彼时的审美、哲学、经济等原因，但终觉抽象。　有时就想起奶奶柜里的闷橱，其形制使藏与取的行为烦琐复杂，为何会成为沿用很久的形式？其形式背后的想法是否与某种仪式有关？如果有，这种仪式是否由秋收冬藏的农耕生活演变而来？如果是，藏就比取更重要。　这些问题我还记得，盖因至今明式家具的研制仍是重物之贵而轻人之用。　那时我开始读《道德经》，想进入传统的语境来理解传统家具背后的动因，也补一补年少时缺的教养。

二零零七年，妞妞快三岁，到了要接受教育的年龄，在传统是蒙学，在现代是幼儿园。　我希望她能入蒙学，按科学的说法就是成人愿望在孩子身上的心理投射，当时打听到南怀瑾先生的太湖大学堂，但门槛高，难以企及，作罢。　一次翻看一套国学丛书，意外地发现主编正在试办一所国学堂。　他的儿子与我女儿年龄相仿，因一直没找到如愿的学校，索性自己来办，地址选在北京。　几番联系，我借单位派差，赴京考察。

学校位于京城北郊，天地清朗，早早便有稚气书声和鸟鸣，及至上昼，男孩担小桶于菜园浇水，种豆得豆，女孩进了绣房，俯首描花。　中餐清淡，孩子拾掇碗筷，至午歇，校园一片蝉声。　下昼琴棋，又或背诵书经，皆是好的声音。　我醉心于此地此景，仿佛校园孩童个个是自家女儿。　回到深圳，我将见闻说与家里，怎料家人齐齐反对，原因倒也简洁，少小离家，照顾艰难。

我独木难支，水未到渠未成，只好作罢。　九月，妞妞入幼儿园，早送晚接，平安无事。

入了园，孩子也渐悉了些人世，回来偶尔会爬到一张小灯挂椅子上，静静地坐会儿。　除了孩子，家中事物由老人操持，我似乎比先前更多了闲暇，下班可以研书。　国学丛书又多看几遍，回想北京所见，终觉格物致知，格物在先，致知在后，又或二者并行，道术间互有补益，若只是读书，未见得能有精进。

十月，妞妞小恙，西医数日未见回转，我急上心头，想起奶奶的汤来，便投中医，两副汤剂，不日见好，竟能复课了，我便去学了中医。　女先生年高八十，一头乌发，一周一讲如静水深流，我性子急，便将《黄帝内经》匆匆看了，察言观色、把脉断息、扎针点灸，识辨药方至今都未敢现于人前，独独记牢了一个字：养。

后话:

孩子的教育可能是母亲最为用心的事，白蓝多次与我描述过她对女儿未来生活的想象，不过都是从最糟糕的情形开始。

根据金陵环翠堂刊明万历二十七年
汪廷讷撰《人镜阳秋》
版画重绘

「无束腰直足直枨小方凳」……用材在比例上更为粗硕，在淳朴的格调外又增添了几分顽稚的气息，弥觉可爱。它原非厅堂中器物，乃居室中的日常用具。

《王世襄集·明式家具研究》

二零零八年，秋，我怀小女儿芊芊。　有朋友知我学明式家具，暗地为芊芊预定了一张椅子，依旧是吴先生店里的。

二零零九年，芊芊出生，椅子也拿到手中。　感激朋友的心意，百日没有摆酒，单请了他喝茶。　我怀芊芊时不便于行，单位也人情味十足，早早放我休息，无聊之下报了个茶艺培训，离家咫尺，该是为小区赋闲的妇人所办。　此番请茶，也想露露身手，关公巡城，韩信点兵，一路俗套过去，还是清茶一盏。　席间与朋友聊起椅子，他是不懂的，只就店中看到，觉得可爱，是贵重的礼物，便定下。　他不知我有传家之念，妞妞算有了。　他赠之椅，合适了芊芊。　他连说，巧了巧了。我又说起父亲留的旧椅，如何辗转，如何留存，虽不及古物的传奇，也是民间自珍的故事，他听了感慨唏嘘，说自己未曾有此经历，家中尚无相似之物，只有簇新的时尚，薄如刀片，快得很。

此时家中有三张椅子是吴先生所制，均为红酸枝的料，有暗暗的红透出来。芊芊这张与妞妞那对在尺度上略有不同，更低一些，合了她的小，椅盘不是藤编软屉而是硬板，按王世襄先生书中所写，应是攒边打槽装板的做法。书中对这种做法多有赞许，是省材讨巧的机智，且较藤编更耐久，能张扬木料的纹路理数。

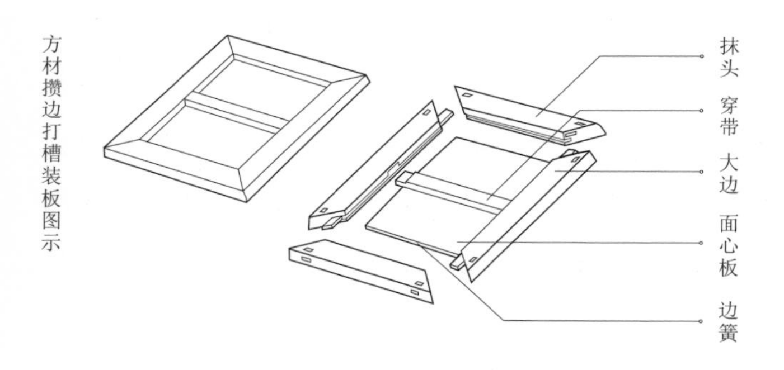

方材攒边打槽装板图示

彼时我已有了足足的妈妈经，带芊芊不费力气，她又安静。作为姐姐，妞妞也爱她，放课回来就逗她玩笑，哄她吃奶，拿自己小了的花裙与她比量，芊芊初初看这人世，都是好的，自己也咯咯地笑。我看姐妹亲好，便觉无所求。

那对椅子，妞妞仍是不太亲近，妹妹的她也不喜，练字涂画都趴在小桌案上，没个样子。我将她椅子拎与她坐，她只讪讪地不领我的情，小屁股扭上去又扭下来，推至一边不管。但家中人客来访，见小椅雅致，稍坐片刻，妞妞亦不高兴，往我怀里细细说那是她的。我想人有私欲是极平常，若落得大方，必是于物有了真爱，舍得拿出来让大家也欢喜。她仍小，只觉得是属她的，传家她未必肯信。

家里仍是我最爱这些物件，又看了些书，晓得其中的好和珍贵，无事就挨个坐坐，或拿掸子掸尘，或手摩挲摩挲。按说叫作包浆，我却也不认，因老物的包浆没得我这么刻意，都是平常日子平常用，靠着人在时光里来细细磨，就像书上说的瓷器，新仿的再好，那光亮就是贼贼的要跳出来，不及老的安稳。

七月，那朋友来电，说他买了一张杌凳，还是吴先生店里的，我听了无甚兴趣，要挂，他急急地说你看看，这与椅子可是大不同的。到往一看，确实不同，比先前送与芊芊的更拙，没有靠背，敦敦实实，圆足圆枨，没有起线，素面牙板，曲线也简单，看着眼熟，总觉得在书上见过。 把来资料看，原是仿了王世襄先生旧藏的一张小杌凳，料由黄花梨换成了红酸枝。 既是仿了王先生的旧藏，吴先生一定是看到了好，我没品出太多，就感觉憨敦可爱，与芊芊像，就央朋友让给我，不料朋友却只借不卖。 这杌凳在家里放了大半年也没人碰。

这大半年我也没有得闲，脑子切开六瓣，妞妞芊芊老公老人单位，还留一瓣自己用。 细数这几年我为传家做的功课，做的买的获的借的，否定之否定还是否定，问题仍是“谁人用”。 广东话是龟毛，北京话是较劲，我说服不了自己。 其时我已意识到器物与人的关系是核心，那对橡木椅子我以为解决了，结果一厢情愿，三张椅子，一只杌凳材工形色皆备，但都与我的孩子器用不合。 这年年底，我打算拿吴先生小灯挂椅子与王世襄先生旧藏杌凳作模范，自己尝试做一次。

后话：

椅子杌凳均无各自清晰的名姓，因此作为听者我常陷入混乱，在成书过程中这种错觉一直延续到最后，可能这世界充满无名，我们的认识才生出价值。

2009
红酸枝硬面小灯挂椅
通高655mm
座高265mm
座宽380mm
座深305mm
净重5599g/把
白蓝　获赠

明黄花梨无束腰小方凳
杌面280×280mm
高260mm
王世襄 藏
根据图片重绘

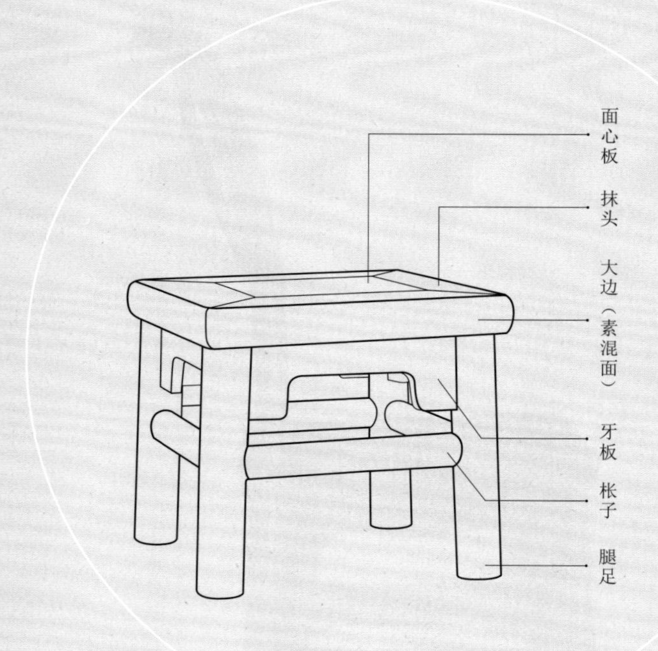

明黄花梨无束腰小方凳和长方杌

王世襄 藏

根据图片重绘

明黄花梨无束腰长方機实测图

杌面515×410mm

高510mm

根据图纸重绘

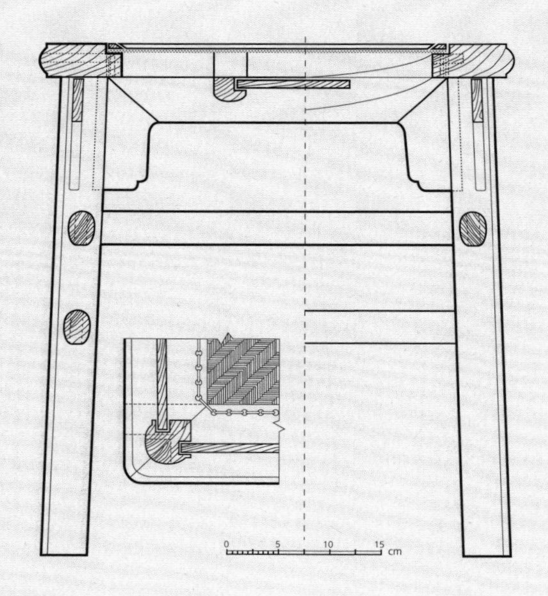

明黄花梨方杌
根据Gustav Ecke（艾克）
Chinese Domestic Furniture in
Photographs and Measured Drawings
图纸重绘

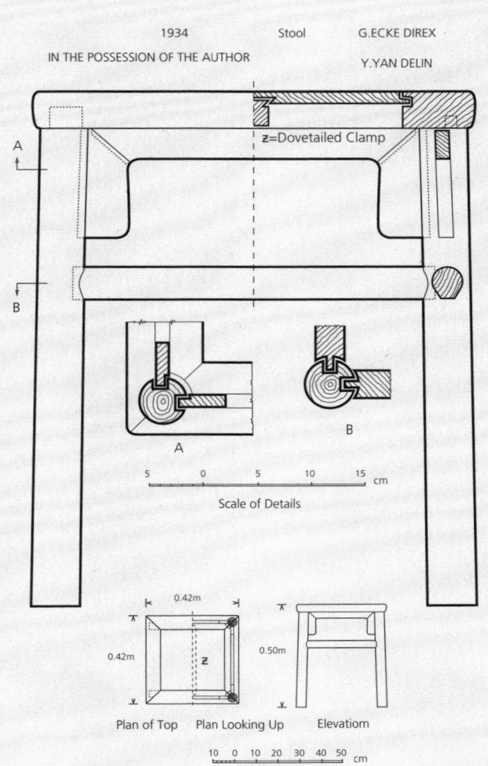

根据清光绪孙家鼎等编《钦定书经图说》内府石印本

版画重绘

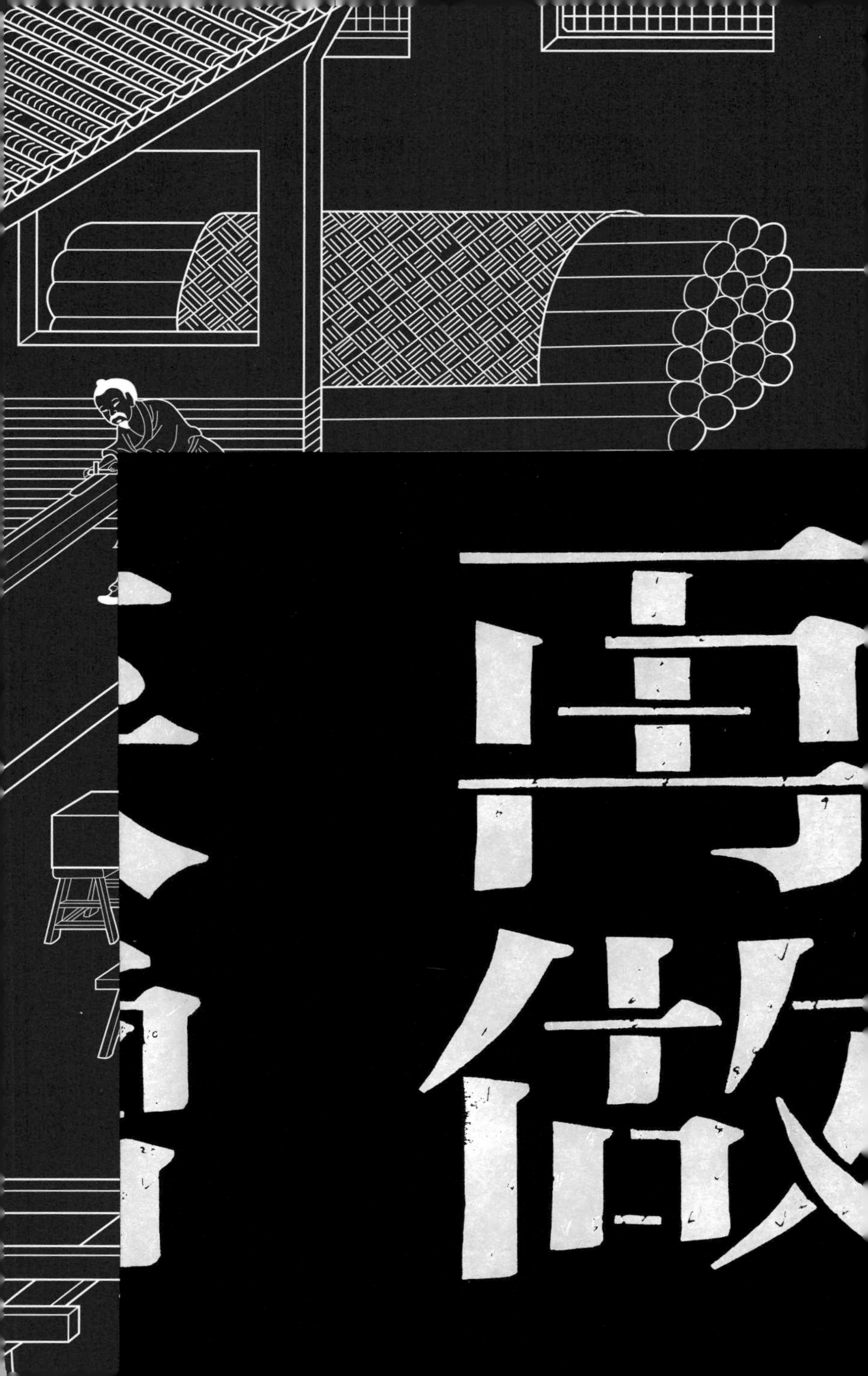

杌有二式，方者四面平等，长者亦可容二人并坐，圆杌须大，四足堋出，古亦有螺钿朱黑漆者，竹杌及縚环诸俗式不可用。

《长物志》长物志六　几榻　［明］文震亨

深圳过年较以往热闹，早年的移民多成了市民，把这里当了家，不再回乡。 漂来的人仍旧多，年轻，和我当年一样。 联系好的木工厂早早歇了业，将工匠散了回乡，待过了正月十五方才回来。 厂房里萧疏，小黄狗拱在刨木花里，窜出来一抖，木屑子洒了一地。料房的铁门挂着大链子锁，从门缝看进去，黑沉沉的，一股木香飘出来。 我喜欢这味道。

自接触了明式家具，形制做法都略熟识了些，唯料有些陌生。 家中几张椅子，都取老挝红酸枝的料制成，深红有酸香，似为老料。 王世襄先生书中有提及，北方称红木，是取了它的色相，又市面上颇受欢迎，亦是取了红的富贵喜庆。 后来见到紫光檀，光润如玉，黑得透彻，敲之锵锵有声，也好。 黄花梨见过，王先生旧藏小杌即是，图上看黄中透红，是新贵象，实物曾见过朋友家藏的吴先生早期高仿，但现今黄花梨市价高昂，再用此料来做已是奢望。

我彼时对料的喜好，多在色相上头，新仿椅杌，也是从色相上考虑。但这类木料都深重，大件家具，成堂陈设，有些稳过了。孩子轻巧，活泼，尚在人世之初，当是晴朗的颜色配得，这也是王世襄先生旧藏小杌在料上的妙用。后我又找到红檀，乍看与书上偏红的黄花梨无异，一日看材料的故事，介绍红檀，色红，气性温和，略有香，比重和油性等特征较红酸枝都差，唯一优点是能给人带来其他木料所不及的愉悦。我意识到此木有药性，隐约记得《黄帝内经》里说赤通心，是否这个红能对心性有调节？愉悦可能是臆想而来，医书所写我是信的。茶道里也说和清静气，似是通的。孩子若自小存得天真，又养成和静不愠的心性，学会了温良恭俭让的待人，就真是不负我心。我决定选红檀来试。

正月已过，木工厂的掌门师傅带着一众徒弟回深圳，老板专门去了车站接。我从单位急急地跑到厂里见人。掌门师傅是浙江东阳人，一手雕镂的绝活，柜面上浅雕牡丹丛中一仙鹤，羽毛细得风要来，连潮汕的老工看了也呆呆的。 我拎了吴先生小灯挂椅子给师傅看，师傅没伸手，又拿出王先生旧藏杌凳图片给师傅看，师傅看了好一阵，问什么时候要，我说不急不急，他说那好那好，就找个徒弟带我去选料。 进了料房，满堆满堆原木，截面上都写有名号，年代，直径。 小徒弟见我新鲜，就咂咂地说了一通，大概都是又好又贵。 三个月后，厂里电话说是快好了，我飞去厂里一看，已没了形容词，师傅一边看我颜色，只等说出一个好来。 因是白茬未打蜡，我憋着没叫好，让装起来。 徒弟在旁没明白，我说先别打蜡，取回家中摆两天看看。 师傅一笑，点头出去了。 白茬拿回家，一搁就是半年，椅子杌凳颜色变化不大，香味也体会不深，这才拿回厂里打蜡，算是正经做成了。

这椅子杌凳和之前的结果一样——没人用。 按说深圳的气候，一年长夏十月，客厅和阳台使用率最高，小坐具也经常在这两个空间移动，但搬来移去，还是我父亲留的旧椅子招人爱。 那红酸枝藤编软屉小灯挂椅一对、红酸枝硬面小灯挂椅一张、新仿红檀硬面小灯挂椅一张、红檀仿王先生旧藏杌凳一只都成了家中摆设，靠着我时时勤拂拭，保得精美的尊颜。 就像对孩子的期待一样，我被改造成一个和清静气的人了。

我开始纪录孩子的行为，观察她们如何搬动物体，发现是力量和重量影响了她们对物的态度，这是颜色之外的重要原因。长期以来，我一直在用自己的力量来衡量这些椅櫈，用自己的合适替代了孩子的合适，天大的疏忽。为了证实重量的影响，我去特力屋买了一张柏木小凳，形制小，重量轻。结果这张小凳的使用率比之前的杌凳都高，成为家中常用坐具，父亲旧椅排名第一，柏木小凳排名第二，没有第三。

与此同时，吴先生椅子的诸多做法和细节处理令我迷惑。半年后，我带着满肚子书上的文字和一脑子的疑问去拜会吴先生。依然还是椅子的话题，我从牙板内侧磨边的处理开始，逐一表明我发现的问题和改进的可能，吴先生时而点头时而不语，我倒像是个不懂停当的孩子，而孩子的问题，大人有时是回答不了的。

我的传家之路似乎已断，能做的也做了，能买的也买了。好用的不美，美的不受用，对我来说，这都失去了做传家之物的初衷——要美，要好用。

后话:

白蓝认为她当时的眼界集中在珠三角地区，那里有强烈的商业社会气息以及在那种气息下产生的物质状态，好和坏，成与否都是当下立判，这导致她在那一时期有冒进的心理和举动，结果并不好。

2010

红檀硬面小灯挂椅

通高660mm

座高270mm

座宽375mm

座深306mm

净重4899g/把

白蓝　仿

２０１０
红檀硬面小杌凳
仿王世襄旧藏
杌面３００×３００ｍｍ
高２８０ｍｍ
净重４３４５ｇ／只
白蓝　仿

此杌凳几年未用，从深圳寄到北京拍照时发现杌面上有明显斑痕，本欲修图抹掉，遭到大家反对。

2010

柏木小杌凳

杌面248×248mm

高240mm

净重1702g/只

白蓝　购

根据金陵环翠堂刊明万历二十七年
汪廷讷撰《人镜阳秋》
版画重绘

「杌」字见《玉篇》：「树无枝也」。从此义可以想到以「杌」作为坐具之名，是专指没有靠背的一类，以别于有靠背的「椅」。在北方语言中，「杌」仍惯用于众口，如称一般的凳子曰「杌凳」，称小凳子曰「小杌凳」等。

《王世襄集·明式家具研究》

二零一零年，妞妞七岁，芊芊两岁。　深圳的生活平淡，这座城市的好与坏皆因年轻，连工地上浮起的尘埃都有现代的样子，人都是五湖四海漂来，没有根底，像大梅沙的浴场，深到五米就圈起来。　我需要一些厚实的东西，获取一些别的知识。　八月，征得家人同意后，我辞了工作，再度北上，往北京中央美术学院进修。

进修的课程排布得满当，教员和学员也是五湖四海的来路，不管你是新贵还是土豪，课堂上乡音杂糅的聊天和讨论让大伙都恢复了天真的本性，就像这座城市庞大而复杂，老的忒老，新的簇新，五色杂陈的圈子像结蜘蛛网一般，把老的新的都粘在一起，融在一块。　但关于明式家具的研究，学院里没有这样的课程，也没有老师。　有一个家具专业，走的是西式套路，于我的兴趣不合。　好在北京博物馆多，展览也多，全国全球的好东西都跑来亮相，我是赶场都赶不赢，一会儿故宫，一会儿首博，就像一本书的名字：我不在博物馆，就在去博物馆的路上。 在博物馆里看东西，隔着玻璃也看得真，回头再找资料比对，基本都是自看自查，又课程作业密，很多也是新学，接不上气也是常有。 自改做了学生，少了亲情啰嗦的用心，多了无知惶恐的焦虑，真是一山又一山，都是自找。 暂居京城数月，心才渐渐平和下来，与胡同里灰墙远递的闲适合了拍。 自学仍旧持续，见识也增长了些，只是苦于无人应和，自珍自赏是王世襄先生的谦逊，就像知了礼的人家，拿好东西赠人，还会说声见笑了。 而于我这样的小辈是难得有的，拾了王先生的牙慧，想谢谢也没得说处，就像独角唱不了穆桂英挂帅，好的坏的都要围上来才有兴头。正当时，我遇见了一个。

那年初秋，在首博有个中国明清黄花梨家具展。我前后去过几回，一回在看一对黄花梨四出头官帽椅时，有两人在我侧旁看一张方桌。 其中一位对着方桌娓娓讲述，指明问题所在，工艺特征及欣赏角度等。 我侧旁听了，一些说法我闻所未闻，亦不是书中所写，心想此人了得。 转身看，居然是个年轻人，三十出头，短发小眼，外套洗得现了白，完全不像我脑中的高人模样。再看他身边那位，年纪长些，穿着打扮也没甚模样，只是手大。我定了定神，还是凑上去问话。年轻人听我提问，只拿眼看我，我一时心虚就收了声。他见我不说，就将我前言接下，边走边讲。期间谈论的话题我如今忘了干净，只记得跟着他，一会儿看圈椅，一会儿看香几，在熙攘的人里边穿，耳里进了蜜蜂，嗡嗡作响，真真的走马观花，花好人好。临闭馆互道告别，想起各自简介一番，我才知道，他叫赵敏智，在故宫博物院工作，整理研究故宫所藏明清家具，长年在不见天日的故宫地库里拾掇宝贝。留电话时，他特特地叮嘱我，上午别联系，地库没信号，又约了周末再来看一次。后来熟了，我就叫他敏智。

敏智就像圈里的接头人，把我带到圈子边，圈里的道道他不会讲。第一回去故宫找他看东西，他到东华门接我，骑单车在前面领路，我开车后面跟着，那琉璃牌坊的门洞窄，车差点没穿过去，他在前头停下，扭头看，笑得眼睛眯成缝。进了东边大院子，他突然指着前面小声说，耿宝昌耿先生。我顺势看去，打垂花门里涌来一堆人，中间簇着位老头，有贾母赏月大观园的阵仗，老头的衣服和敏智一样，洗得发了白。

自打认识了敏智，我慢慢地学会了如何看，学会了如何体察这些传统家具的美与不堪以及之所以如此的原委，眼力日增。 有回我想测试一下自己，就没叫敏智，独自去看了一场拍卖会的明清家具预展。 回去后与敏智通电话，讲预展上哪些东西好，好在哪里，哪些有问题。 敏智在电话那头说，行，你可以独走江湖了。我心里清楚他是玩笑，江湖路远，慢些才好。 第二天，我又去展场看，发现器物在空间中所呈现出来的样式、尺度、材料、色泽和工艺似乎是动态的，有一种叙说在空间中弥漫，我隐隐意识到在抛除了历史和行话的定义后，器物自身的美需要具体的人与之对话才能浮现出来，这对话在圈里叫把玩，在圈外叫品味。

后话：

白蓝说认识敏智是她做传家之物路上的一个拐弯，这个弯一直拐到现在，并且从当初的跟随变成现在的同行。

黄花梨方桌
桌面820×820mm
通高820mm
周士琦先生摹自
Gustav Ecke（艾克）
Chinese Domestic Furniture
水彩纸 铅笔淡彩
宽267mm
高185mm
20世纪70年代

根据金陵环翠堂刊明万历二十七年
汪廷讷撰《人镜阳秋》
版画重绘

楠木有三种，一曰香楠，二曰金丝楠，三曰水楠。南方多香楠，木微紫而清香，纹美。金丝者出川涧中，木纹有金丝，向明视之，白烁可爱。

《博物要览》［清］谷应泰

孩子们长得快，妞妞电话中有了大人的腔调，芊芊也学，我听了高兴又担心。　这回上北京做学生，所见所遇都是深圳所不及的，深圳是清楚得乏味，游乐园大，博物馆少，一年到头也不见几样好东西，务实倒也务实，理想主义却生不出来，按罗永浩的话，是少了情怀。

想到孟母三迁，无非是给孩子一个好环境，北京除了天气，其他都好，又想起几年前去到过的那所国学堂，这么些年不知怎样，上网一查，居然多了个校区。　我驱车往北边赶，在六环外一处安静的树林里找到学校。

校长还是老样子，泡茶的动作较几年前更沉稳些，虽然学校发展规模一直不大，甚至他将自己的房产拿来当了校舍，但他谈吐一如当年的从容、睿智和坚定。　我心想，一个如此坚持自己教育理想的人是值得将孩子托付给他的。

终于，我说动家人，举家北上，在北京暂居下来。芊芊入蒙学中正班，妞妞入小学格物班，我继续在中央美术学院学习，老公则独自担起我们娘仨美好生活的重担。一切安稳下来，已是深秋，故宫也入了淡季，敏智来电邀往宫中看展，我已轻车熟路，在东墙内院停车，见斑驳高墙槐枝枯影，金红柿子挂亮满树，惹乌鸦雀儿叽喳争食，想起沈周画的《东庄图》册，文人园子里种些果木，为的是招来鸟儿叫唤，帝王院里除了正经的威仪，他下了宝座也要过得像人一样。

从展厅出来，敏智跟兜里掏出一个纸包，打开一看，两串佛珠。他捡起一串递给我，说，前两天收的，整料开的金丝楠珠子，盘着玩吧。我一拨，涩涩的，密密的细纹，秋光下一手金黄。其时，我对金丝楠了解无多，王世襄先生书中提及，扫过一眼，不是硬木，又听人讲是古墓良材，做家具是不宜的。但既是敏智所赠，也不能拂了他的意，就收下放置包中，回家路上，总觉手有余味。

转眼岁末，老公带孩子们先回深圳陪老人，我在京城采办年礼，想起那串佛珠来，心想也可送人，闭窗出门一刻，仍是放下了，毕竟是敏智之礼，留个念想也好。

深圳过年，承了广州的习气，亦有花市，南方温暖，洛阳牡丹也能开得富贵，大盆的金橘最好卖，厅中就摆了一对。 女儿都换了新裳，领了利是谢完礼，妞妞拿毛笔写福字，芊芊给奶奶哼童谣，老公在书房查资料，而我在厨房算日子。

从暖花如春的南方回到北京家中已是一个月后，寒气逼人，袭身的烟尘味，我们娘仨急急地推门进去，一阵暖和的松透香味儿扑面而来，沁得鼻子满满的，将灯打亮，看见餐桌上那串佛珠，妞妞丢开行李，跑去捡到鼻头上，喊，妈妈，是它的香味。 我方才想起初时这串珠子于手上留下的味道，印象中很淡很远，此刻却那么浓，真是吹面不寒的暖香。 自那以后，我对金丝楠调转了印象，开始去了解它。

那时，中国明式家具研究发展已近三十年，起伏如潮，亦无消退的迹象。 起先的珍材照例硬木当家，紫檀花梨鸡翅铁力，金丝楠自古即是珍材，贵族墓葬以之仙龄永昌，帝王宫室以之光耀庭仪，文人士大夫以之寄情纹理，后因明清两代消耗殆尽，于市场难得一见，遂未成势。 近年来举国拆建，金丝楠料从故宅断瓦残垣中被搜集了许多，这才又浮于市面，掀起浪花，其中翘楚，当属北京楠书房。 我第一次去到楠书房即被震惊，室堂皇，器雅正，金丝熠熠不夺其色，纹缕波澜不抢其形，暗香浮动不掩其华。 我将所见所闻告知敏智，他亦说好，又告我多去看看，材之特性，表里相合，观其表要知里，这个里也是理，恰如初习国画，摹古为先，是要知了理，才能造化。

初夏，妞妞已知晓围棋规矩，要与我对弈一局，芊芊则背下千字文，在我耳边吟诵。 周末，敏智来电说今夏武英殿有馆藏好画，带孩子来看。 古人常说熏习，这应该也算，我们娘仨欣然往之。 武英殿光亮幽暗，看画的人不多，展线自右转左按历史年代展开，芊芊个头低小，只能抱起看看，一会儿便有些困了，妞妞则跟着敏智叔叔一路安静听他讲解，不多时即出了殿门。敏智未婚，不知我带孩子的辛苦，此番见了，亦有些感慨，又说今次展览，选了库中精品，按例，再要拿出须等四年。 我听了连连咂舌，对敏智说，可惜，我们不懂其精妙，只是看个热闹，芊芊还睡着了。 敏智说，倒也无妨，他初到故宫，也是空心萝卜一棵，嘴上挂须肚子空，跟着师傅走动三四年，才摸得窍门。 于孩子而言，更毋须心急，让她们多看看这些好的热闹，就没负了收藏的用心。　我听了，心头一热，传家的念头又冒了出来。

后话:

这一段漏掉了很多细节，也填充了很多细节，对白蓝而言，漏掉的应该不重要，填充的也不重要，她最记得去了多次故宫，敏智只在故宫食堂请她吃过一次饭。

根据金陵环翠堂刊明万历二十七年
汪廷讷撰《人镜阳秋》
版画重绘

器之坐者，有三。曰椅、曰杌、曰凳。三者之制，以时论之，今胜于古，以地论之，北不如南。维扬之木器，姑苏之竹器，可谓甲于古今，冠乎天下矣。予何能赘一词哉。

《一家言中之居室器玩》［清］　李渔

新学期，我们娘仨各奔课堂。　这期美院开课古建欣赏，授课的老先生姓胥，年轻时参加新中国成立后故宫第一次大修，跟着师傅抬梁葺瓦，疏浚水系，又将各个大殿拿尺量过，记录于册，委实有货。　开课那天，课室前后挤满，除了本课学生，多是旁系和校外蹭课的。先生桌上放满录音笔，也有懂事的，拿鲜煮的咖啡孝敬先生，一时满屋烘香，总是充盈，先生的讲稿也是满满密密。　不日，先生带我们去故宫考察，专讲水系，又将北京城水源来头一并勾连，这才知晓京城原不缺水。

当日正值故宫第二次大修期间，到处搭着脚手架，拿半透绿网子围起，隐约见着些朱红大柱。　先生说文献记载早期大殿的柱子都是整根的楠木，民间叫作金丝楠，后大殿遭了雷火，付之一炬。　先生提到金丝楠，勾起我的兴趣，课后去查阅了些明皇家建筑的资料，方知北京城有好几处明皇家建筑均用到金丝楠，原因大致有四，一是其成材硕直，做梁柱最适宜；二是木性稳定，不变形不腐坏；三是材质细密，有可塑性；四是其色泽黄褐，木纹美，有淡香。我想起《黄帝内经》中金匮真言论里讲五脏应四时，黄色属中央方位，通脾，嗅觉是香，这与金丝楠的色香恰是吻合。金丝楠的材料特性正是我所期待的，可久可美，剩下的就是可用了。我跟敏智说，如果有空，帮忙找找木器行里做金丝楠家具的好手。

京城入秋后，白昼短促起来，拨着珠子数，学业也快结了，一时心紧，老话说，学得文武艺，货与帝王家，我尚不知货与谁，只觉有无名的兴头不知落在何处。没多久敏智来电说得空见面，有行里做金丝楠家具的朋友，你曾见过的，可以聊聊。

朋友姓桂，一时又想不起来，敏智一旁见我迟疑，笑说你见过，你认识我时见过的。我拍脑门子，竟是前年首博展览与敏智一道的那位，只记得手大，后他先走，未留下名姓。今时见了，相互见笑一番。敏智说，传统木器行里就技艺风格主要分苏作、晋作、京作和广作四大类。其中苏作的匠人有很多来自徽州，老桂就是徽州木匠学徒出身，好手艺，你可多请教。我便问桂先生都做哪些，他说早年学徒，做些硬木家具，兼作修补，出了师，想自己立个门户，扫眼一望，都是师傅师兄辈的，硬木行里没位置，就不敢了，又值金丝楠木兴起，做徒弟时修补过几件，不算手浅，心想就是它了，做了四五年，市场又好，立户纳徒，生意不绝。敏智又插话，说那两串佛珠即是老桂处得来。我听完，真觉如戏。

此后，我常抽空与敏智老桂切磋，敏智有地道的宫廷见识，于样式有固执的追求，老桂则是市场打拼的老手，追风赶月快得很。我最慢，多数时候都在消化他俩的争执，琢磨很久，才发现他们说得细细的样式，材料和工艺都关乎一个我萦绕于心的问题——“用”。敏智因是有了皇家的丰厚养料，便把“用”拿起当了审美的花纹或仪仗的规矩，不是平人的感觉。老桂因是得了市场的厚赠，便把“用”看作富贵的摆设或文化的矫情，显得有些俗气。我想得刻薄因我不得要领，一路迷茫，见他山之石，总要借来攻玉，器久琢不成，我便犯疑。

敏智知我疑，却也说不清楚。我将深圳家中椅子杌凳照片给他看了，仍是难解，我便与他商量，由他画图样，试做一张。敏智应下，说回去想想。半月，敏智来电，说椅子不如杌凳，一是轻便，二是可爱，更适合孩子，请老桂做很稳妥。我隐约想起王世襄先生那只黄花梨小杌凳，早先用红檀仿过，用金丝楠做，不知会怎样，便自己也来画图。不多久，敏智图毕，发来一看，却不一样，样式高挑清秀，有娟秀气，按敏智说是苏作样子。我说我亦有图，是王先生旧藏的改款。一时间，两款杌凳图纸，一个清雅，一个憨敦，我不知取舍。敏智倾心清雅，于女孩相配，我偏爱憨敦，有孩子气。取舍无果，遂两款图纸都拿与老桂，是骡子是马，做出来看看。

老桂拿到图纸已是年底，忙于四处收拢资金，就找伙计陪我先选料。进了料房，熟悉的气味扑鼻，像屈原《九歌》里唱的：芳菲菲兮满堂。伙计跟我说，拿金丝楠木做杌凳，先前可没有过，依敏智的图纸，是苏作的样式，手法倒是熟悉。苏作我听敏智讲过，是对江浙一带晚明木器制作特征的概括，与广作对材料的态度不同，苏作取材精打细算，加之有晚明文人士大夫的审美趣味引导，形成今天我们称明式家具的代表流派。

直到满人入主中原，下了江南一看，自觉文化不及，为求认同，便将汉人文化带入宫中，苏作即是其一，宫廷苏作减了文人的孤冷，添了皇家的贵气。我问伙计，另一款如何。伙计笑说可爱。又说选料之事，待老桂回来细讲。

金丝楠，过去皇上用的，平民用要杀头的。不过不属硬木料，我们说柴木，就是软木，你别觉得软木不好啊，这金丝楠是软木黄金，不然皇上怎会选上。现在这料是极少极少，不好弄，市面上有的多是假料，拿别的蒙人，这个一时讲不清，你接触久了就知道。金丝楠料大分三类。陈料金黄，楠香馥郁，纹丝清晰，于光下变化多端，佳品，不易得。老料，色败如灰，气淡，纹丝含蓄，光泽收敛，珍品，不易得。阴沉料，色黑透，无味，纹丝藏而不显，遇光则波澜起伏，或葡萄满挂，似幻似真，上品，最不易得。若从木料部位分，有主料，根料两大类。主料出材率高，根料难出大材，但因长年埋于在地下，色泽和纹路十分特殊，是做镶面的珍材。老桂一讲，我开了眼界，又看他厂里做的桌案柜榻，一一对应，脑子立时装得满了，不知如何决断。老桂便说，敏智老练，他定最好。遂问了敏智，定下老料。 老桂说，杌凳即小，看看能否整料做得，方是讲究，便安排徒弟伙计备料，又安排杂木依图打样。

诸事林林总总，已近年关，老桂歇工，敏智相亲，孩子们放课，我亦累了，早早拾掇一阵，举家南飞。过年仍是旧例，唯孩子见长，老人又老，我亦老了。

二零一三年，开春三件事，孩子复课，老公饮食，学校结业。 完了学业，我不得再赋闲了，老公一人支撑家庭，毕竟辛苦，便想谋份工作，贴补日常家用也好，很快就有好友介绍，去到一家文化公司打杂，待遇尚可，更重要是离家不远，时间上会较为自由，照顾孩子也方便。 从此，我开始北京朝九晚五的中青白领生活。

不久，老桂厂里开工，敏智邀了周末看打样，一看改款仍觉得大，我拿王世襄先生旧藏图给他俩看，说尺寸要比王先生旧藏还要小。 敏智不解，我说原因有二，一是高度，金丝楠密度重量不及硬木，同样高度会轻而不稳，孩子上去怕翻。 二是重量，有前车之鉴，如再小些，则更轻，女孩搬动也会好看。 敏智听了点头，老桂亦点头，待我回家改图再打新样。

一个月后，敏智苏作和我的改款终于制成，作为厂里第一批金丝楠杌凳，老桂得意，摆在他的会客室里，我匆匆去看，就像看一个刚生出的孩子。　苏作通体整料开出，杌面格脚榫攒边，抹头透榫，当间平镶一块根料，光下黑晕点点，高素牙子，底边修曲线，内侧与腿足接榫处剃斜面，鹅蛋枨子与腿足外皮不交圈，四面齐头碰，足材外圆里方，边上起线，又打磨烫过蜡，真是秀美陈雅，圆润端庄，有些林妹妹的意思，上手掂量，心想于我家女儿也是合适的，那改款憨稳却少些苏作的灵透。　敏智也赶来看，端详一阵，又取图纸比对，提了意见若干，想要再改。

后话:

白蓝说，苏作与改款杌凳取回家，孩子新鲜两日便弃。又说敏智不满苏作细节，老桂却高兴，连做五只，赠敏智一张，余下竟通通卖了。后来敏智将他的苏作杌凳送了女友，女友喜欢，以至日后拿新做杌凳与她交换，决然不肯，说此杌完美，用久生情，足已。

金丝楠无束腰小机櫈
苏作款图纸

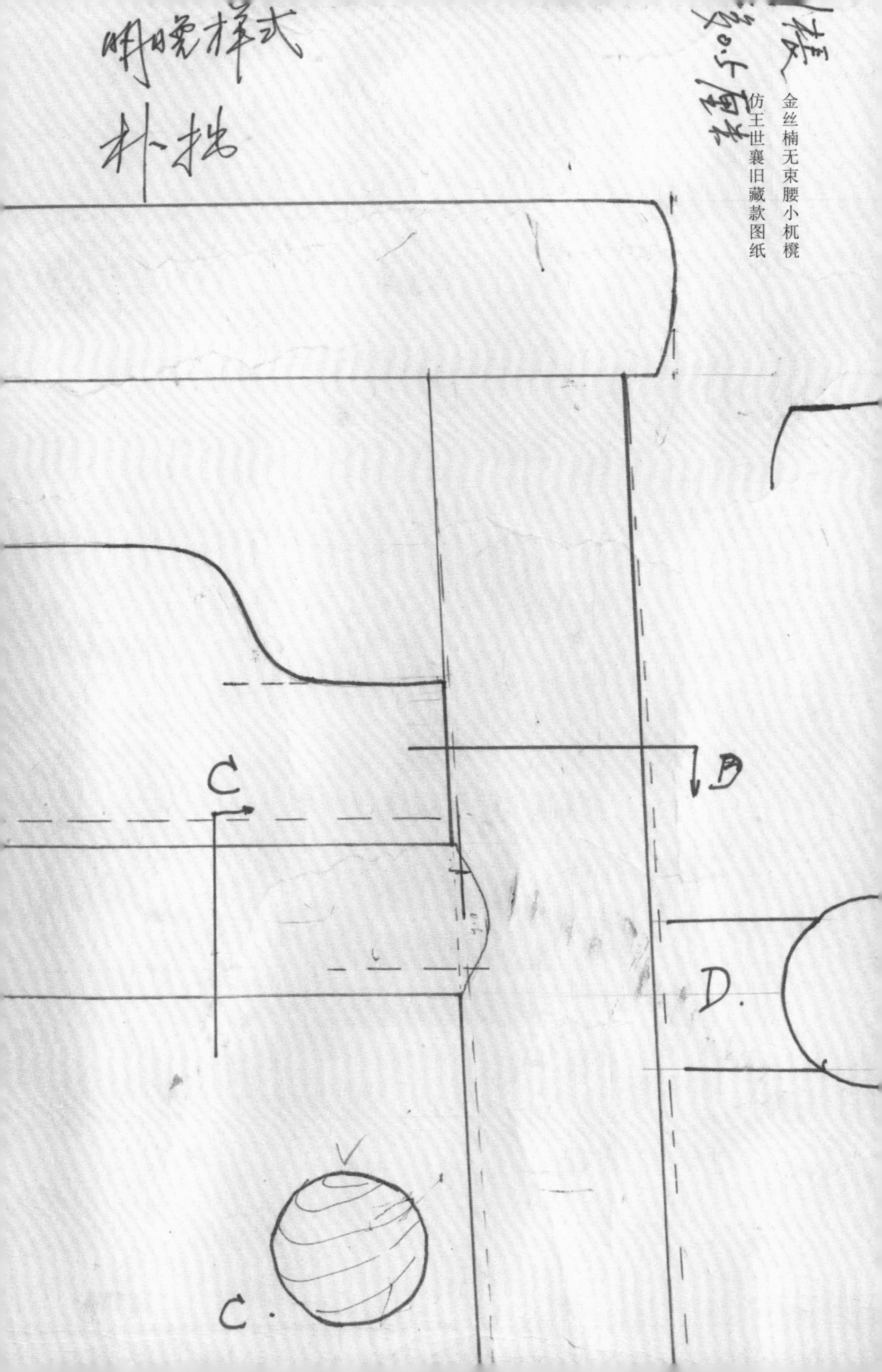

金丝楠无束腰小机櫈
仿王世襄旧藏款图纸

2013

金丝楠无束腰小杌櫈

苏作款

杌面245×245mm

高230mm

净重1630g/只

敏智　制图

2013
金丝楠无束腰小杌櫈
仿王世襄旧藏款
杌面245×245mm
高230mm
净重1600g/只
白蓝　制图

腿足开挓
91.5°
苏作款牙板长
苏作款腿足外圆里方、起线
腿足截面

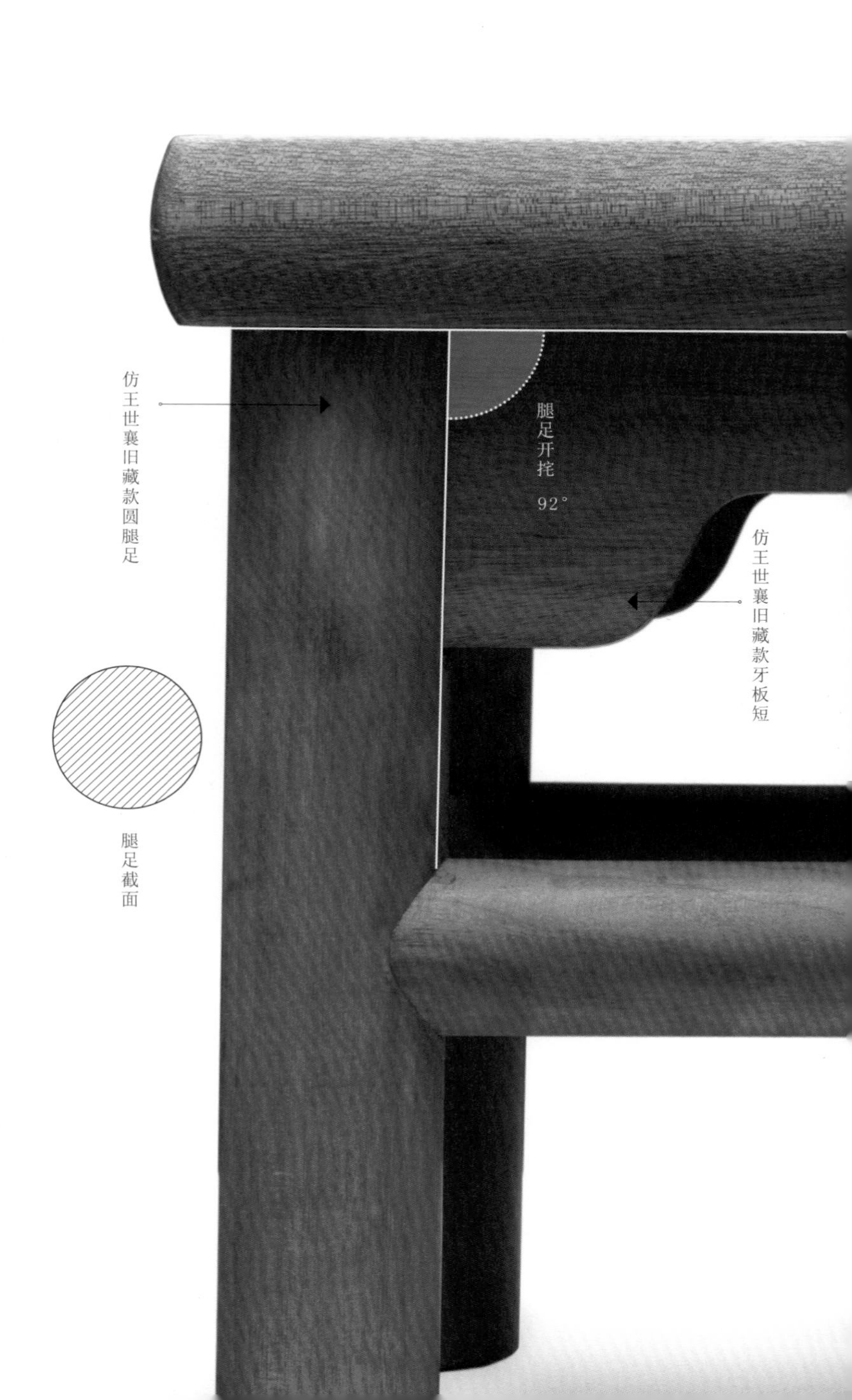
仿王世襄旧藏款圆腿足
腿足开挓
92°
仿王世襄旧藏款牙板短
腿足截面

苏作款鹅蛋枨
苏作款鹅蛋枨与
腿足外皮不交圈

仿王世襄旧藏款圆杌
仿王世襄旧藏款圆杌
与腿足外皮交圈

苏作款牙板内侧与
腿足接榫处剃斜面

仿王世襄旧藏款牙板内侧做法
与苏作相同

根据明沈继孙撰《墨法集要》
清乾隆武英殿聚珍版
版画重绘

贾母笑道：「当日太医院正堂有个王君效，好脉息。」王太医忙躬着身低头含笑，因说：「那是晚生家叔祖。」贾母听了，笑道：「原来这样，也算是世交了。」一面说，一面慢慢地伸手放在枕头上。嬷嬷端着一张小杌子放在小桌前面，略偏些。王太医便盘着一条腿儿坐下，歪着头胗了半日，又胗了那只手，忙欠身低头推出。

《红楼梦》第四十二回
蘅芜君兰言解疑痴
潇湘子雅谑补馀音

至四月，北地迟暖，江南草长，公司有去江西文化项目考察的机会，我便跟了去。 先到婺源，预备看花，花繁不如人众，又往南至景德镇，见到传说中的青花瓷柱子路灯，大俗，到老雕塑瓷厂参观，在店里购得素白茶具一套，有人看了，说非本地产物而是德化白瓷，本地白瓷，色冷，有冰寒意，德化白瓷，色暖，有日头光，见识。 过一日，往西，至乐平。 乐平归辖景德镇，存古戏台百余座，村村有戏，却苦寻不见，遇村妇二人，招手搭车，便让上来，借以向导。 途中一人指路，一人宣耶和华，满车愕然。 远远望见尖顶十字，她们便要下车徒步，再见时，于胸前画十字，口中喃喃，愿主保佑你们。

托主的福，不远村舍中隐现宝顶飞檐，狭路急步，拐弯，赫然一镜月牙塘，塘后坪场，立一座戏台，台口封绯红条板，檐下斗拱描金点翠，两边朱红侧柱贴红纸一对，上书：暂借公祠聚亲友。 下书：程氏儿孙万代兴，虽不工却喜庆。 戏台旁有村委会，一众老人出来招呼，小孩与狗也拢上来。 一问方知是清代始建，前戏台后公祠，晴日坪场看前台戏，雨天公祠看后台戏，称鸳鸯戏台。 近日村里又集资翻新，可惜早来，戏班子在临县要大戏三日，戏目有乾坤带、莲花庵、玉堂春、二度梅、四姐下凡、五虎平西、七郎招亲云云，唱的弋阳腔。 又有好客者自偏门入台内，将绯红条板一条条卸下，这才现出真龙真凤，穿梁上雕镂宝瓶花草渔樵相会八仙过海等，金黄耀眼，台中高悬黑匾一张，上书四个金漆大字：久看愈好。

久看愈好

根据江西省乐平市浒崦村名分堂戏台匾额重绘

我初见这四字已是大惊，如当头一棒，有些醒了，急急电话敏智，说出四字，他半晌未言。 良久，便问我何时回京。

不日回京，柳条新绿，宫中游客稀稀，敏智拿出新改杌凳图样交与我看，与苏作杌凳无大改观，多是细节调整，牙板起边线，杌面边抹作冰盘沿，枨子与腿足交圈退进一些。 按敏智说法，上张杌凳，苏作细节未能尽显，有些粗糙，此番新改，略增修饰，将苏作工艺细腻味道体现出来，尺度微调，使比例更显清秀。 我却觉敏智所改已非我意，但又虑他辛苦一阵，春寒料峭，再泼凉水，也不厚道，便卷了图样，说回家想想。

周末，去北边接女儿回家，满眼幼绿欣欣，妞妞路边摘了柳枝编花，给芊芊戴了一头，姐妹高兴，一路歌谣。 次日，去学溜冰，妞妞最快，一会便要撒手，跌了几跤就抓着教练不放，教练心狠，带上两圈，又放开她，竟然就自己平衡稳当，还冲我招手。 芊芊跌了一跤就坐到我和爸爸身旁，再也不去。 晚上大餐一顿，吃地道湘菜，我们称作思乡辣，但姐妹二人说话已有儿化音，不知今后，会思乡何处。 入夜，孩子早早睡去，老公仍在调阅财经资料，我松松无事，在客厅沏了杯茶，记得深圳一家小茶馆，门前挂联：诗写梅花月，茶煎谷雨春。　对得极整，又想起乐平戏台那幅联，谈不上对仗，却有乡里人家兴旺的喜气，那“久看愈好”四字是恰好的横批，仿佛有天地悠悠。　庄子说，美成在久，皆是通的。　我想那机凳传家，要美要久，而久的东西，却要减到了形的本质，不能再减亦不能再加，就是在了。又想起课上听过极简主义，拿数学算过的精密得到形的纯化，也是在了，但能观悟，不能人用。　便翻出敏智的新图，对着厅中摆着的那张苏作机凳好看了一阵，日光灯下机凳色败如灰，镶面亦是暗沉隐隐若乌云，想起元稹诗写：寥落古行宫，宫花寂寞红，白头宫女在，闲坐说玄宗。　失宠的宫女到老白头，坐这张机凳回思韶华情愫也还配得她的可怜，我的女儿是配不得的。　一夜辗转。

后话：

久看愈好这四个字充分体现了汉字组合最深远的企图，一是用在哪都对，二是怎么说都对。如果用在传家上，即是对物的理想也是对人的挂怀。除了这四个字，让白蓝回味的还有味道，因为景德镇地区的菜肴与湖南长沙极为相近，而南方人的味觉绝不会饶过四月漫野初生的新鲜，为保证本书主题明确，这些叙述暂不纳入。

根据金陵环翠堂刊明万历二十七年
汪廷讷撰《人镜阳秋》
版画重绘

故事

在无束腰杌凳中，圆材直足直枨是它的基本形式。其结构吸取了大木梁架的造法，四足有「侧脚」。所谓侧脚就是四足下端向外撇，上端向内收，在《鲁班经》中称为「梢」。

《王世襄集·明式家具研究》

周日大早，敏智加班，我就跑去找老桂商议，将我对杌凳老料的看法一气讲了，又说镶面的阴沉木也不合适，苏作像老人用的。 老桂听了，也不言语，转身出了办公室，不多时抱着一怀开好的小料进来，扑楞楞堆在大桌上，又唤伙计沏茶，杯盘水洒一阵，旋又点香棒对着小案子上玉白观音拜了几拜，方回身说，你坐，我给你讲讲故事。

我是安徽人，没读几年书就拜师当了学徒，做学徒你知道，没早晚的，苦。 先还不能进屋，只是搬料。紫檀花梨鸡翅铁力金丝楠这些料没开之前，与平常木料看上去没大差别，只是斤两差得大了。 搬了一年多，师傅叫我进了屋，选料。 怎么选，拿手掂量，我悟性好，搬了一年料，手一掂就八九不离十，准。 有了准头，师傅就开始教我了，那时做得多的还是硬木，黄花梨的多。 拿金丝楠做新家具的少，只是有一回来了几张大件，柜案之类的，都是老东西，面漆都裂得翘头，那张案子的内翻马蹄腿足损了两只，拿樟木补的，算是个瘸子。 师傅说补吧，他自己也上手了。 那次是见了真章，师傅打新的案子腿，樟木腿拆了两天，一看里面都糟朽了，又卸了三边的牙板，那牙板可不比咱们杌凳素净，都是浅雕的卷草莲叶，四边牙板都连得起来的。师傅做腿足还画了图，新榫头怎么做，跟牙板怎么接，跟案面怎么接，图就画了七八天，他可能有意教我，都让我跟着，木器行都敬鲁班爷，师傅敬观音，每天早头要上香，我也跟着敬。 选料开榫是我做的，他在边上讲，对金丝楠的料性又懂了些。 可能是那案子补得好，人家又送了香几圈椅来，都是老破残，师傅就放手给我做了。

三年后，我出师，到一家厂里讨生活。 那厂什么活都做，老板比我师傅狠，也没日夜的。 一年冬天大黑夜里，老板说到了一批金丝楠板料，打柜子用，让我去选。 料房没人，地上摞一堆板，我弯腰手一碰，触电一样，浑身立鸡皮，头皮发麻，冷，缩手转头往外奔，跑回宿舍，拿香肥皂洗几遍手，哆哆嗦嗦地点香拜观音，到下半夜都浑身出冷汗。你猜我碰到啥，棺材板啊。第二天没起床，老板叫人来问料怎么还没选，我气得弹起来，冲到老板房里，说，X的，棺材板，我不干，谁愿谁干去。你猜老板怎么说，他说小点声，你休息几天。你想，我跟师傅快四年，没遇过这种事，阴气煞人，当时我就发誓，我此生绝不用这种没来路的料。那事没多久，我一个朋友，也是木器行里杂混的，说西南有批金丝楠料，北京这边定的，没人送，要我一块儿去，挣点贴补钱。我问来路，他支支吾吾，我就明白了，断然不去。后来他赴京赶夜路，一车头撞树上，料散了一地，车没事，他一双腿竟生生断了，在家将养半年，赔了钱差点搭进命，我去看他，他讲起来就哆嗦。我们行里有不信邪的，胆壮，我信啊我怕得很，你说人家在下面好安稳，你去掀开拿东西就是罪，把人家的六面围子也拿走，人家没了安身的也罢，你还拿来给活人用，挣活人的钱，遭报应，我那朋友就是报应。白蓝，你说我说得对吧。

老桂啜口茶，脸色发白，斜眼看我。又站起到大桌边捡了几条方料拿给我，你看这些老料，干净得很。我还在他的故事里没回神，没敢接。他又捡了几条拿过来，你看看这个。 敏智进门，一手接过去，又是摩挲又是拿鼻头嗅，好料好料，就交到我手上。 我还有点哆嗦，把料搁包上，才拿眼去看，是块陈料，香气似有若无，光下有金丝隐现，是好看。 老桂给敏智让了座，又沏茶，两人聊起透格柜子的做法。 中午留饭，匆匆吃了些，我便先回了。

周一大早，我心还是慌慌，满办公室找书看，一会儿又想起给女儿学校打电话，妞妞在练古琴，高山流水不得空，芊芊接了，说想吃妈妈做的菜，又说今天背了《笠翁对韵》，我背给你听：开始，一东，天对地雨对风，大陆对长空山花对海树，赤日对苍穹雷隐隐雾蒙蒙，日下对天中，风高秋月白雨霁晚霞红。 芊芊背韵是没有韵脚的，一气不停亦无间隔，但我喜欢她急急绵细的声音，暖和。

晚上，我给敏智电话，说新作的图看了，感觉不对，料也不对。 敏智笑，说，老桂给你讲故事了吧，我是听过好几回的。 我愣了。 敏智说，放心放心，老桂爱财也爱材，又敬菩萨，是有敬畏心的，我在木器行里可不只他一个朋友，认识这么多年，我信他。 老桂今天给你看的那块陈料，很漂亮，要不咱们用它来做。

我松了口气，说缓两天，样式上再想想。

后话:

关于老桂，白蓝到成书为止对他的表述一直游离，认同他商人的本分同时对这种本分保持怀疑，白蓝觉得这可能是匠人出身的商人所特有的气息。老桂我一直未得见，听敏智描述，应是当下传统家具匠人中有悟性的一类，只是局在眼前利益上，难成气候。这可能也是今天很多传统生存的状态。

黄花梨杌凳
杌面420×420mm
通高500mm
周士琦先生摹自
Gustav Ecke（艾克）
Chinese Domestic Furniture
水彩纸 铅笔淡彩
宽220mm
高185mm
20世纪70年代

苏作款杌面

苏作款底面

苏作款大边与抹头交接处透榫头

根据金陵环翠堂刊明万历二十七年
汪廷讷撰《人镜阳秋》
版画重绘

「鸳鸯」自己又哭了一回，听见外头人客散去，恐有人进来，急忙关上屋门。然后端了一个脚凳，自己站上，把汗巾拴上扣儿，套在咽喉，便把脚凳蹬开。可怜咽喉气绝，香魂出窍。

《红楼梦》第一百一十回

鸳鸯女殉主登太虚

狗彘奴欺天招伙盗

五月出头，春风和丽几日就带出热气，两个孩子都有些不适，就告假在家中歇养，又老公出差外地，我亦有些头重，与公司告了假，便不出门，陪她们玩油泥，一会儿塑个蝴蝶，一会儿塑个小鱼。 妞妞是最怕没玩伴的，芊芊则可独处。 两姐妹迥异，想想觉得神奇，先天禀赋倒是其次，大不同要依的是后天造化。

娘仨都要调养，我一阵懊恼当年学医草草，背了些字句不能当药吃，又去同仁堂问了点调养换季不适的汤剂，回来拿水烫温，娘仨齐齐喝了。 不几日，姐妹二人活蹦乱跳，都吵着要回学校，她俩地里种的有豆，都央了同学照顾，怕时间一长，人不乐意，豆就不长了。我开车送了姐妹俩就去老桂厂里，他不在，我叫伙计将他那天抱到会客室的陈料给我看。 良久，伙计抱了来，说，蓝姐，你运气好，这可是老桂备好的透格柜子料，人家下了订的，快瞅一眼吧，做得就不知去哪家找了。我忙忙拣了看，想起那天敏智也说好，可惜有主了。我问伙计，老桂人呢。 伙计也不知，说老桂电话不接，等吧。 吃过晌午饭，老桂才回，脸挂乌云，伙计给他紫砂杯续了水就颠出去。 老桂看了一眼桌上的料，叹口气，问，白蓝，要不你打对柜子吧。 我没懂。 老桂说，订柜子那家老板跑路了，上午去公司，结果一堆人挤在门口找他，警察都来了。 我说那怎么办，损失大吧。 所以这对柜子归你了，老桂苦笑。 我心想老桂是个生意人，东边不亮西边亮，我是有心要点灯，可照不亮柜子。 老桂见我不说话，也没甚兴头，低个头只顾喝茶。 我说，老桂，柜子我是打不起的，这些料倒是好。 老桂没抬头，说你要这些料有什么用，还不是囤在我料房里，我收的那些定金，是保了本钱的，这料不做成东西，就是一堆木头，成不了器。 做杌凳，我只做杌凳，老桂，要不这样，料我都收了，一张算一张的手工钱，做多少我包多少，我咬了咬牙。 老桂一听，呛了口茶，说，没见过你这样的，这些好料，你拿去做什么小板凳，新鲜两张就行了。 随又说，也行，我陪你做。 我说，老桂，你可没亏，那款苏作杌凳，你不也按样式多做了，通通卖了去。　老桂脸上乌云一散，又只顾埋头喝茶。

跟老桂立下规矩，我心头长气一舒，就告诉敏智，说料选了，老桂也支持，样式上你有什么新想法吗。敏智其时正在编撰故宫家具的图书，又是晚辈，大小杂事都要应付，忙得慌乱。　我一听他说话，便知无暇，心想，这回自己来，就将家中各色家具书籍图录杂志统统收了一桌，又拿出尺规纸笔，挑灯夜战，几个回合，依旧白纸一张。　杌凳成例繁多，光说式样，束腰不束腰的，带拖泥的，马蹄足内外翻的，崩牙鼓腿的，直足直枨的，锣锅枨的，席面的，镶板硬面的，加矮老的，素牙板的，雕花牙板的，雕花还分深雕浅雕和透镂，等等不一而足。　无计可施，想起从老桂那带回一方小料，忙取出立在地面，灯下看去，方方正，无修饰，线条干净，影子也是透透的有形有样，又兀自立在厅中，不依不靠，含香独放，轻盈自得，真的简净无名，这就是在了。　我忙拿笔在纸上勾画一通，还是不对，简是简了，尺寸一大，就是直愣愣，鲁莽得很。　想起老子说：大直若屈，大巧若拙，大辩若讷。　直靠屈成，巧需拙伴，辩要少言，不是不说，要说得是，好的明式家具，曲直精微都是本该如此，实在拿不得极简主义来标签，遂又画图，添添减减一阵，画成，拍了照片发给敏智审看。

翌日一早，敏智来电，笑。我心生奇怪，有何可笑。敏智说，画的样式好，和王先生那张一样。我一惊，怎会如此，忙挂了电话翻书，一时没找到，才想起书放在老桂那里一直未取，就上网查，果真如此。这下心里五味翻腾，又喜自写自画与前辈合拍，又忧自写自画终是个重复，没了创造。电话又响，敏智说仔细看了，与王先生旧藏大有不同，在似与不似之间，可做。我说好啊好啊。敏智又说，看得出来，其实你就喜欢王先生那张旧藏，都种到心里了，没长也跑不远的。我想都没想，连声认了。

后话:

王世襄先生是白蓝尊敬的前辈，在她的叙述中，别人都可直呼其名姓，唯有王世襄后一定会加上先生二字。在我看来，白蓝兜了一个大圈子，算是复习功课，同时向前辈致敬。敏智在谈及与白蓝的合作时，坦言因为一直在圈子里浸染，常常在自己画图纸时面临取舍之难，仅仅一个牙板的做法，在他脑子里就有上百种形式。

从老桂厂里捡来的刨木花

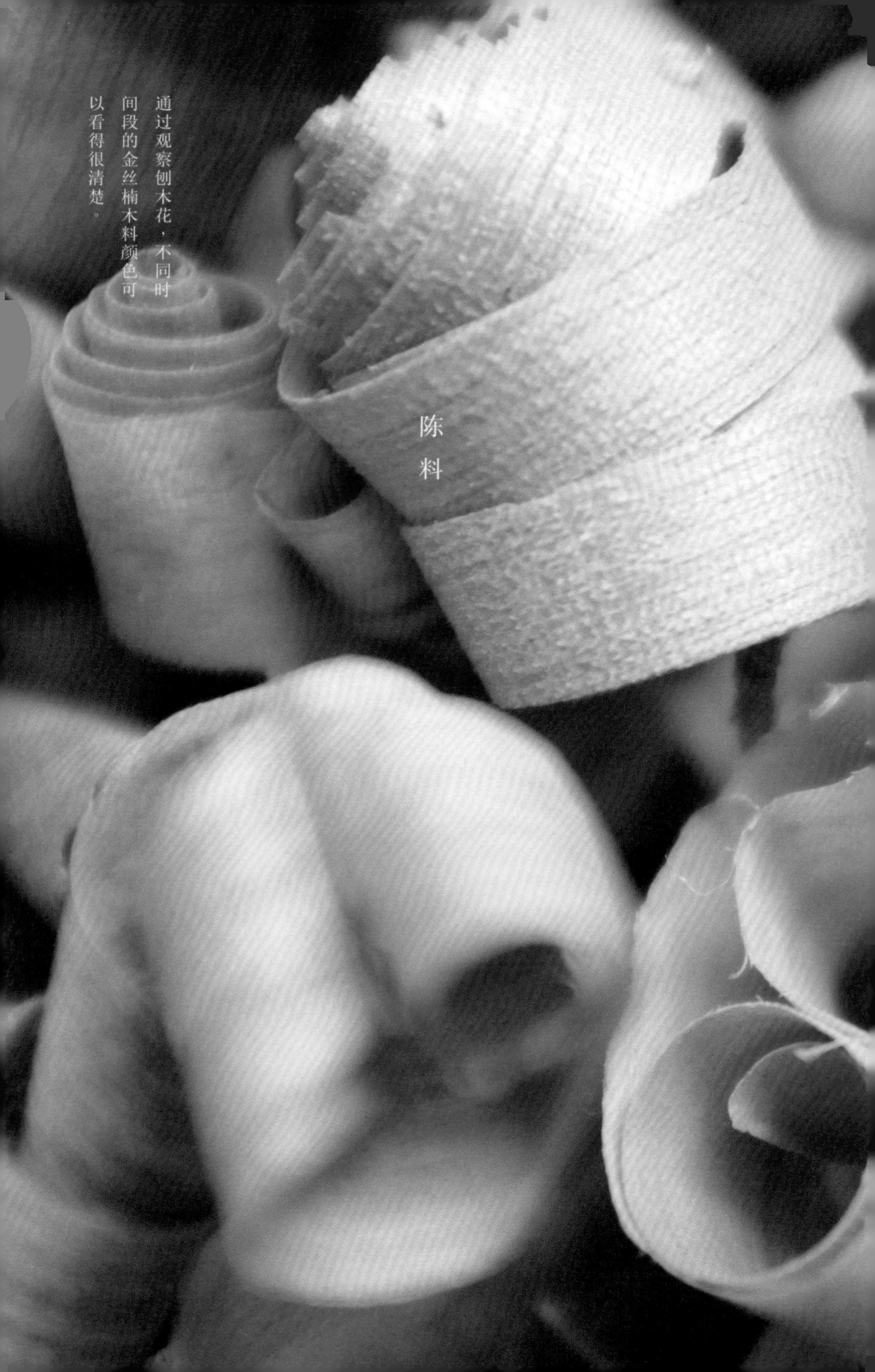

陈料

通过观察刨木花，不同时间段的金丝楠木料颜色可以看得很清楚。

老料

炮制虽繁必不敢省人工，
品味虽贵必不敢减物力。
同仁堂的训条同样适用于
传统木作。杌凳虽小，却
一点工也省不得。

根据明午荣编《鲁班经匠家镜》
版画重绘

七
六
五

没顿饭的功夫，老的少的，上的下的，乌压压挤了一屋子。只有薛姨妈和贾母对坐，只邢夫人、王夫人坐在房门前两张椅子上，宝钗姐妹等五六个人坐在炕上，宝玉坐在贾母怀前，底下满满的站了一地。贾母忙命拿几张小杌子来，给赖大母亲等几个高年有体面的嬷嬷坐了。

《红楼梦》第四十三回

闲取乐偶攒金庆寿

不了情暂撮土为香

过了些时日，敏智手上的事也减了，便约好与老桂碰面，商量新图样式。　说是新图亦是旧样，老桂见了，默然一笑，说，还是王先生眼光叼，白蓝你山高水长的，见着高峰就不折腾了，王先生收的这张，大多没见过实物，图是好看，但标出的尺寸多少会有些出入，前些年我见人仿过，怎么看都不对，你这尺寸倒是自己定的，试试看吧。

杂木打样子等了一月有余，期间武英殿有北宋李公麟摩的《临韦偃牧放图卷》展出，周末又携了孩子去看，长卷千马，牧马的小人个个不同，扬鞭执辔，挽裤濯足，胡须飘然，是盛唐的壮阔亦有北宋的喧哗，妞妞芊芊都看得高兴，哪里见过这许多小马，这千年的勾画亦是可与孩子相言的。　临走，东墙下的杏树结了满树的果儿，敏智竹竿一敲，遍地杏黄，姐妹俩慌得树下乱窜，双手搂不住，又把小伞撑开倒过来当兜子用，一会儿伞也提不起了。

老桂还是手艺好，杂木样子也做得一丝不苟，他又借了常用的鲁班尺子给我，说每个地方你都量量，有合有不合的，我没敢改，照图画瓢。　我拿尺子一比，果有几处不合，又改图纸，我本不信这老尺度规矩，把人生喜福灾祸生老病死都一并排好来度量，不过木器行里是笃信的。　数日，图纸改完交了老桂，打新样子，还是精细，又拿尺量了，便要老桂在料房尽量选存的整料开材，先做一张。

七月，杌凳做得，摆在老桂会客室大桌上，灼灼其华，老桂得意，绕着桌子看了几圈，待我发言。　是有了新贵相，我说，想不到这金丝楠有如此生气，杌面镶板选得也好，水浪波纹一下就活了这四面八方的安稳。老桂端起杌凳拿到窗边，白蓝，你看，多好的料。　这圆足圆枨子最难做，因没有修饰，减到了原形，看的就是手上功夫，就像剃头师傅，难的是平头短寸，差一点就看得清清楚楚。　除了手工，就靠这木料天然本性，金丝楠的名字就是本性，干净的形反而最能将金丝游走的纹路显现出来，简洁而不简单，这广告简直就是给你的机凳打的。 说完，老桂呵呵笑，机凳在他手上一抖，那金丝又卷起浪来。 我看看，敏智不知何时进来的，将机凳一把拿了过去，摆在地上，俯身去看，一会儿就抬起身子转头说，老桂，这边抹榫头怎么做了个透的，我看白蓝图上，可是没有。 老桂看看我，啜了口茶，说，这个我得好好讲讲，上回苏作那张，边抹做的透榫，图是你俩定的，我没说什么，其实是不合的，苏作秀美精雅，怎么会透榫头，那不是林黛玉葬花，青绿滚边绣罗裙一摆，你说是露金莲好还是露马脚好。 这回做的，恰是不同，样式圆浑敦厚，拙味重，透了榫头，加些机灵，那顽劲和稚气是孩子的，白蓝你说我说的是不是。 我没想到老桂能把话说得这么通透，连红楼也被他拆了一解，很是动听。 敏智又问，我看王先生那张也是没有透榫。 敏智，你在故宫是见识了东西，不过上手是另一回事，老桂把话插进来，你知道那张是黄花梨的，硬木，硬木榫透，尺寸要裁划得细细的，多出半毫就会乍了卯口，两边都废了，没有余地。 金丝楠不同，有弹性，榫卯间有余地，榫头多半毫也可敲进去，不崩不裂，咬合更密实。 你看，这就是料性，软木不软，是有余地。 敏智不语，又拿起机凳细细看了，我觉得好笑，两个行家对弈，下地干活的竟比上架翻书的能讲。

老桂见我笑，问我有何看法，我只说无，要给孩子看了，才有话讲。

后话：

在白蓝与我的谈话中，关于椅子杌凳的话题一般都属于边角料，主料其实是如何带孩子以及带孩子过程中可笑的往事和对未来的想象，可能每个母亲都一样。

大边（局部），边框中两对边出榫，采用双榫头，即在座面转角还有小榫头与抹头结合的做法。

抹头（局部），两边凿眼为卯。

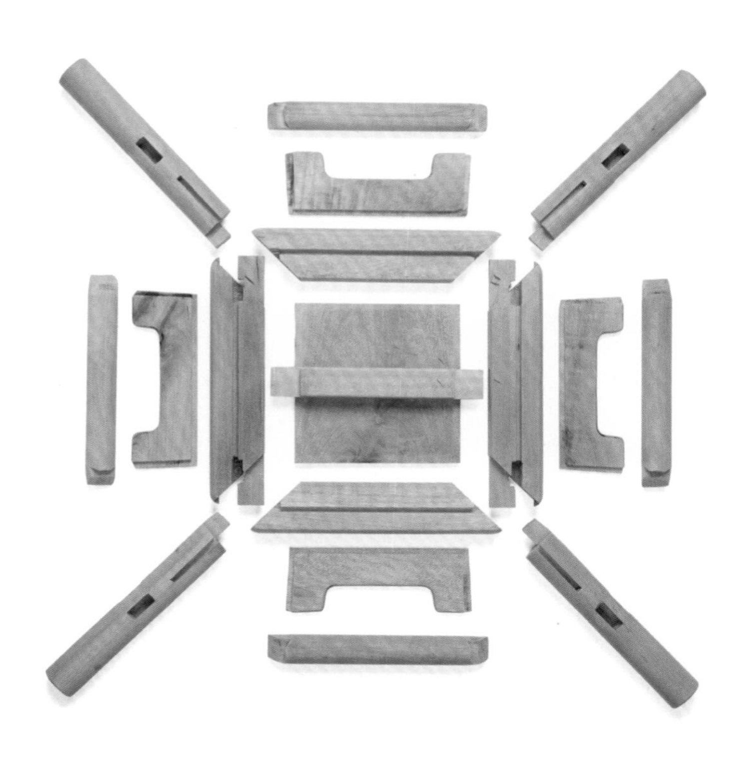

敏智建议在书中加入杌凳的拆解图，我们觉得画图不如实物，就让老桂又单做了一只可拆解的杌凳白茬，在影棚摆拍时，追求了一下被内功高手震散的感觉。

根据一八六五年
酒井忠恒编《煎茶图式》
插图重绘

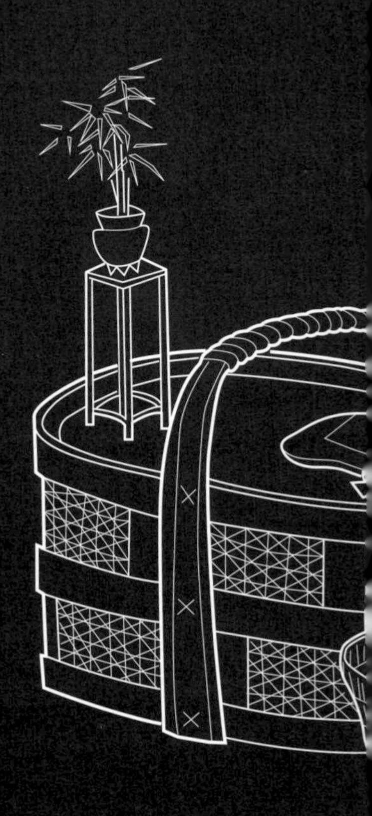

贾珍夫妻至晚饭后方过荣府来。只见贾赦、贾政都在贾母房里坐着说闲话儿，与贾母取笑呢。贾琏、宝玉、贾环、贾兰皆在地下侍立。贾珍来了，都一一见过，说了两句话，贾珍方在挨门小杌子上告了坐，侧着身子坐下。

《红楼梦》第七十七回
开夜宴异兆发悲音
赏中秋新词得佳谶

孩子说话一半是真的，另一半也是真的，你明白的是一半，不明白的一半是因她说不明白，说不明白并不是不真，而是没有翻译，这个翻译，就是玩具，一旦玩具成为目的，翻译就失效，因为孩子开始与玩具沟通，你成了无法理解她的多余。 所以我给孩子的玩具是我与孩子沟通的翻译，在我明白她时她也明白我，玩具不一定让她高兴，但一定能帮她表达。 孩子练字我也练，字就是我们书写的言。 孩子背诗我也背，诗就是我们唱和的歌，孩子种豆我也学，生长就是我们共同的命。做妈妈和做学问一样苦乐，要广博，要深通，要有观点。我为孩子做机凳，一只接一只，她们都看到了，她们也表达，而我也渐能明了。

当我将新做的机凳摆在她们面前时，她们眼中都有惊异的目光，这只确实有些不同。 妞妞首先发现了金丝游动和光的关系，就把着杌面左右转动，叫芊芊快看。芊芊的小脑袋就跟着杌面一起转，拿小手去摸那金丝，一会儿金丝又不见了，就两手去摸。　芊芊，你抓不到的，这是水浪，我再给你转一下，妞妞一边跟妹妹说一面将杌凳翻转，你看腿上，游到这里了。　芊芊有些无助，便抬头看我，妈妈，又游走了。　是啊，你坐在上面，金丝就围着你游，不会跑了的。　我让妞妞将杌凳摆正，把芊芊抱到杌凳上坐。　芊芊没坐一会，妞妞就说，快下来，游到你身上了。　逗得芊芊低头满裙子扯布褶子找，没有啊，芊芊很失望，看妞妞。　妞妞笑得七仰八叉，我也笑，引得在里屋的老公也跑出来，什么好笑的。　他看妞妞坐在那里，一把抱起，见到新做的杌凳。　白蓝，这张不错呀，这张好，老公平日里见我做了那许多杌凳，已是有些埋怨在心，难得说声好。妞妞机敏，问，妈妈，怎么就一只啊。　对啊，你怎么就做一只，那只苏作还是拿去退了，这个可以留，老公也说。　不急不急，这不是先拿回来给你们过过目，恩准了我就做，我看看老公，把杌凳拎起摩挲，拿鼻子闻。妈，给我闻闻，妞妞扯我的手。　我给她，她拿鼻子闻，说，妈，这个香和你的珠子一样，又举起给芊芊闻。

芊芊还在找金丝，听到有香味，忙松了裙子把鼻子凑上去，香。

晚上与敏智通话，说孩子喜欢，敏智倒是冷静，说先摆上月余再言不迟。 按他家具研究的经验，不论新老，当下立判是大忌，有些是历久弥新且越看越有，就像他跟我讲有回在库里看见一张紫檀条案，线条素净，腿足内翻马蹄，典型的晚明风气，存档单子上写的也是，因为要拍照存影像档，就安排人搬到宫里影棚去拍。这一搬可好，敏智眼尖，瞅见一只腿足内侧中段隐隐有字样，便急急翻转来看，写的竟有工匠的名姓和年款，这才确定是乾隆年的。 按规矩，宫中造办的物件不得署匠人名，天下之大，莫非王土，这匠人真是胆大心细，因墨色与紫檀接近，不知混过了多少人的眼睛。 更有趣的是，在腿足与案面交圈的内侧，竟然还隐隐画着几朵黑墨莲花，想是那匠人觉得不过瘾，雕花的绝技未能一现，干脆画个舒坦。 这是有着孙悟空到五指山下撒泡猴尿的顽心和自信满满。

我把新机凳摆在家中客厅，朝看借朝阳，夕看借夕阳，下班晚了，我还借得月光来，这一看，又已入了秋。

一日，敏智来电话，说老桂等不到我意见，自己按图纸又做了两张，一张卖了去，他忙里偷闲去细看了一阵，发现一个小问题，抽空见面讲。 我无奈又急，手里一堆公司琐事，上蹿下跳地满公司部门跑了一阵，签字盖章上传登记预约报销订车订餐会议纪要，回办公室一坐，窗外又擦了黑，只得翻看工作日志，打电话给敏智约了周日见面。

老桂厂较往日热闹许多，心知他生意好，没叫他招呼。 敏智将机凳摆在地面，问我看出什么，我摇头，他将手指到枨子部位说，你看这，这个枨子的高度有问题，位置偏下，这导致机凳的重心下沉，由枨子分割的腿足两段下短上长，这就是一个人小腿短大腿长，模特腿是小腿长过大腿，那叫好，有向上的趋势，不然就下坠。 随又拿了根小木条放在枨子上端，白蓝，你看，应该在这个位置。 敏智见我不语，又说，这个小问题好办，向上微调几毫米即可，虽然就几毫米，气质会好很多，你忙，我来调图纸。 我说好，几毫米中见高下。

后话:

敏智通读此书初稿后，提了意见若干，又将行里传承的故事拣短小的讲了些，希望能有所助益，白蓝一旁听了就连连问敏智平素怎么未听他提及，敏智笑说此书正是药引子，否则苦口婆心的话平日里怎会轻易说出。

二、穿带

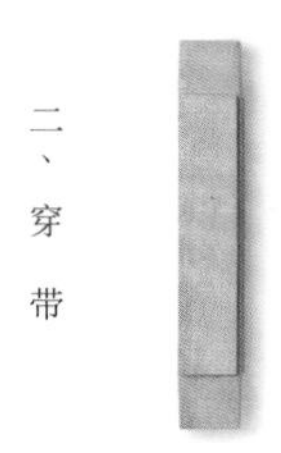

一、面心板

作为中国传统家具中的基本款，杌凳结构如书法之永字八法，含七大基本组件，排序不分主次，因为缺一样都不成器。

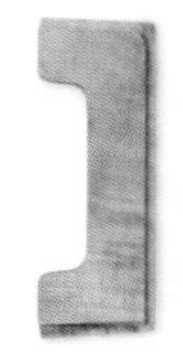

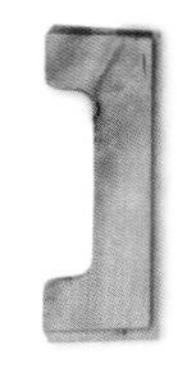

五、牙板

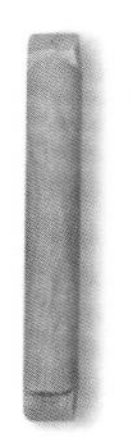

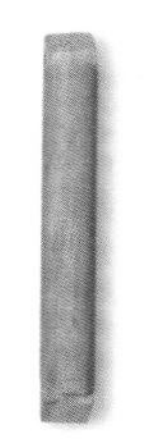

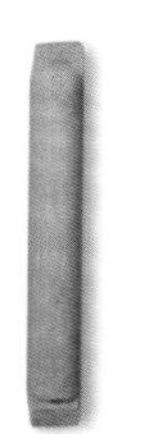

七、枨子

三、抹头

四、大边

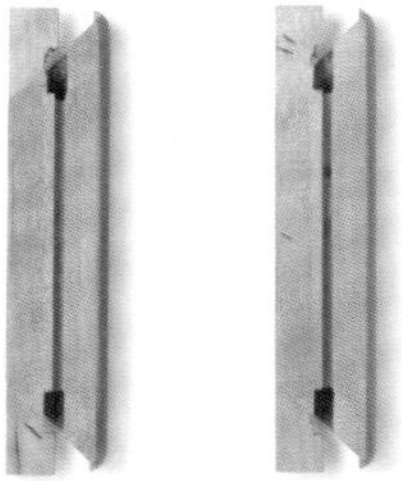

六、腿足

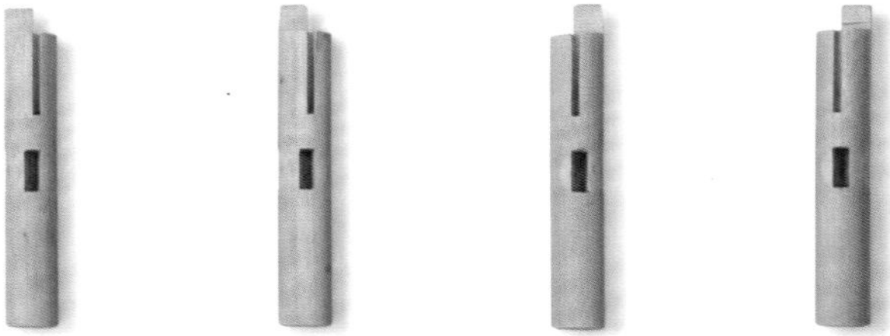

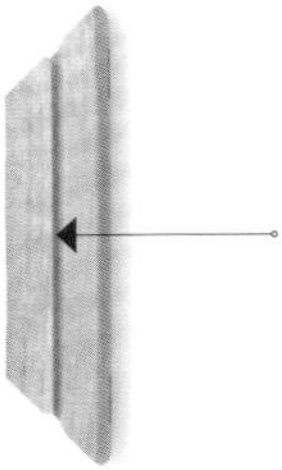

抹头和大边中间开槽是现代的做法，便于榫接牙板，老辈儿的做法是不开槽的，最多是凿眼，这也成为判断传统家具新旧的一个窍门，可参看获赠章节的方材攒边打槽装板图示。

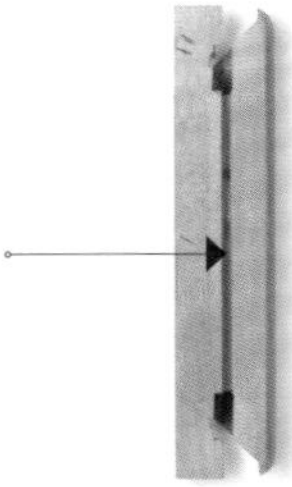

座面为攒边做法，即以四框打槽装薄心板，下承穿带。抹头侧立面是弧形，这种做法叫「素混面」，工匠们多形象地称之为「泥鳅背」。

一

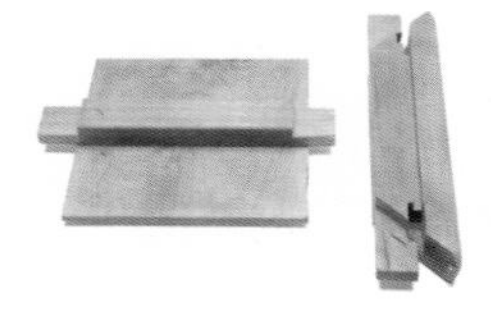

四

五

八

九

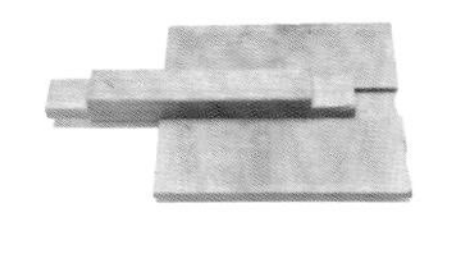

二

三

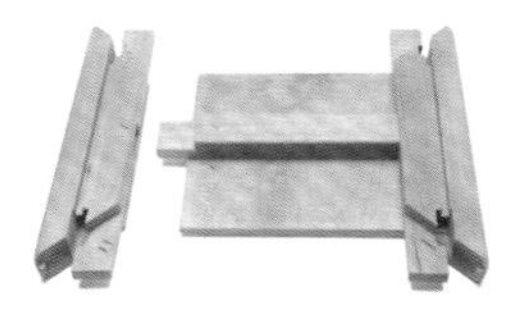

六

七

十

十一

腿足间以横枨相连，横枨和腿足交接的方式是在腿足上凿长方卯眼，然后横枨出榫头，榫头两旁会余下一段带弧度的木料，形有点像叉，刚好与腿足吻合，工匠们一般称之为飘肩。

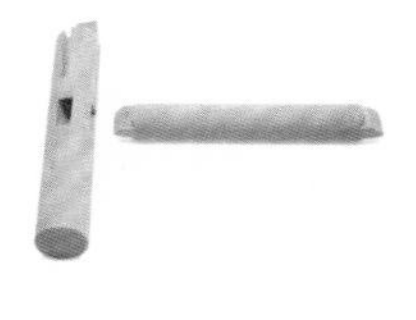

一

四

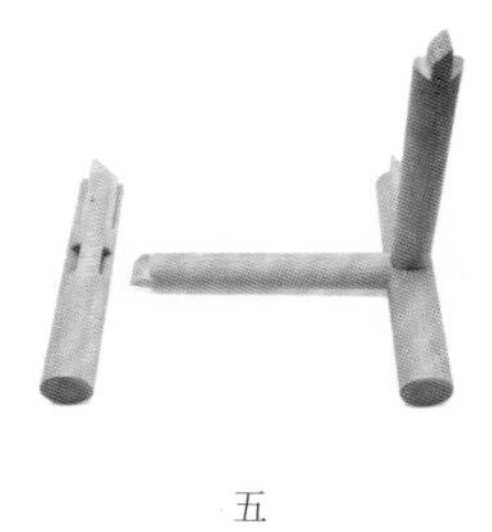

五

八

九

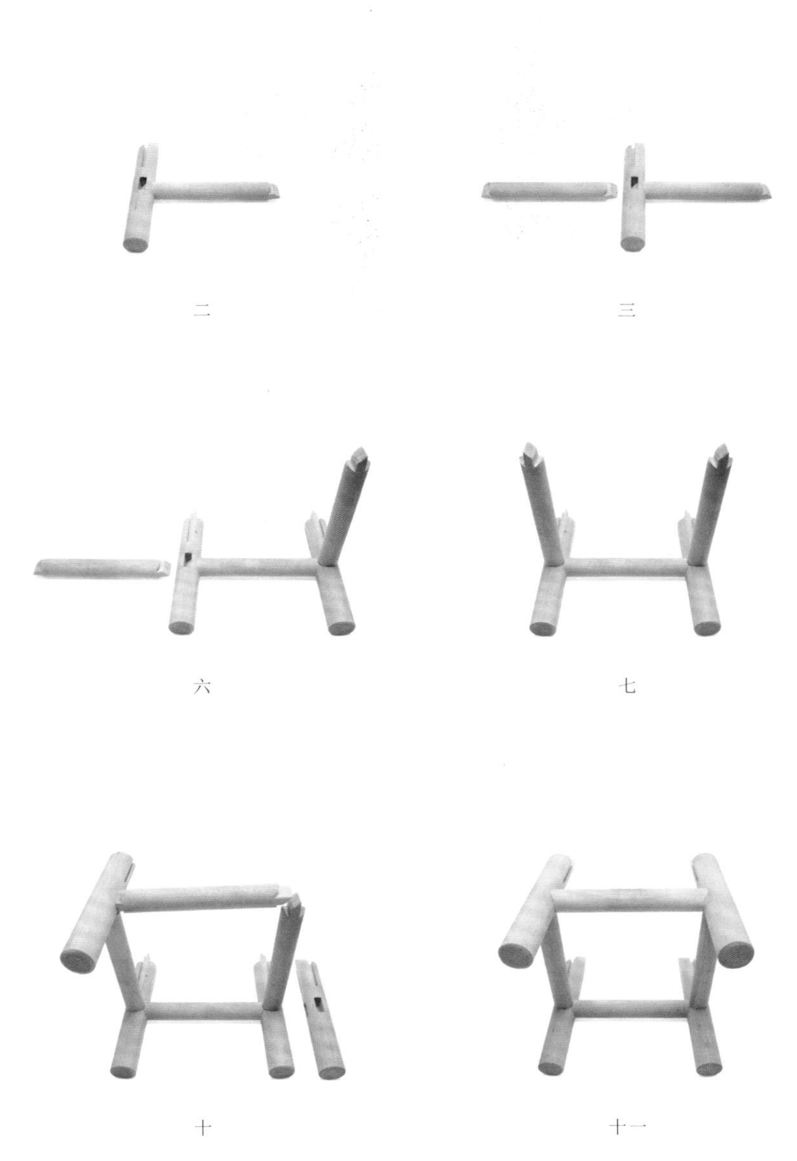

二

三

六

七

十

十一

座面下为牙板，两端为牙头，下垂如刀，故称之为刀牙板。刀牙板简素文雅，显现纹路自然优美，边缘弧度优美悦人，是明式家具的经典做法。

一

二

三

四

五

通过拍摄实物拆解，我们希望能更清晰地表述机凳的传统组织方式，这一目的可能难以完全达到，这是纸媒的局限，真正地明了只有上手去做。

根据美国大都会艺术博物馆藏明代
Xiao Yi Obtaining the Lanting
Manuscript by Trickery卷轴
局部重绘

天生楠木，似专供殿庭楹栋之用，凡木多困轮盘屈，枝叶扶疏，非杉、楠不能树树皆直，虽美杉亦皆下丰上锐，顶踵殊科，惟楠木十数余丈，既高且直，又其木下不生枝，止到木颠方散干布叶，如撑伞然，根大二丈则顶亦二丈之亚，上下相齐，不甚大小，故生时躯貌虽恶，最中大厦尺度之用，非殿庭真不足以尽其材也。

《广志绎》 [明] 王志性

金秋日子好，北京会展多，

公司齐上阵，一刻不能拖，

先打文化牌，再将底蕴说，

把酒攀兄弟，签单炸了锅，

身为小杂役，无处得开脱，

从早忙到晚，何时进被窝。

录下这首朋友写给我的打油诗用来描述这个秋天的忙乱是最有意思的。忙中出乱，乱久而治，治久则怠，怠则亡，这是我对自己的警醒，所以我更愿意生活中时而有些忙乱，这会让我离懈怠远一些。不过长假结束，真可以有些懈怠了，红楼里讲海棠诗社，给宝玉取了个“无事忙”的绰号，他不忙俗界事，只忧内心烦。我是少事忙，公司事少，正可以关心关心那杌凳的改进。敏智刚缓过来，库里的宝贝存影像档已忙活了近三年，快到了尾声，他将机凳图纸做了些微调发给我看，枨子上调了三毫米，比例似乎好些，便让老桂审图。

老桂电话里有些抱怨，说不需要调，他卖了一张去，人家很满意。　我说那是人家满意，我和敏智不认的，你们行里不是讲规矩吗，你做的那些仿古家具哪一样不是循了旧例来做，旧例是什么，是规矩，规矩是什么，是工有工法，料有料单，尺有尺度，你守着旧例当然不需要调，我这是老树新花，要自己开的。　老桂松了口，说，那好，这回我可不打样子了，图我都背得，还有存料做一张少一张，你省点材。　对，这倒是要省的，那先放放，我想想。　老桂将军，我只能退兵。

说想想，其实也无法可想，只是把了图纸和机凳一并看了几回，心想只能如此了。　过了几日，本要告知老桂就按新图改做，孰料敏智来电，说有位行里的朋友可以一见，当然要见，敏智毕竟是圈里的接头人。　周日一大早，我送孩子回了学校，便去赴约。

老石，早年间龙顺成学徒出身。　龙顺成，北京硬木老字号，京作的代表，公私合营的时候，龙顺成与鲁班馆合到一块成立了国营厂，好东西好手艺全汇在一块，光是看就能长眼，况老石正经的师承，学徒三年未满就能做能看能讲能判，在同辈师兄弟中是拔了尖的全乎。龙顺成的古旧部专修古旧残件，我们宫里很多家具都请龙顺成的师傅修，老石就是其一。 敏智的介绍含量丰富，龙顺成和鲁班馆以前见王世襄先生的书中提过，是王先生长眼的地方，很多行话俚语也是从那得来。 白蓝，我朋友，传统家具爱好者，入门不久，老石你要点拨点拨她，敏智介绍我时笑得开心，我亦笑起来。

老石中等个头，不年轻但也看不出年龄，笑呵呵地将我们迎进院子，北屋檐下挂素匾一张，上书三个颜字:佳木轩，款识不详。 落了坐，老石长辈，待他开口，他也不急，端起甜白盖碗抿了茶喝，徐徐放下就问敏智近日忙啥。 敏智说还是家具存档的事。 老石叹口气说，也是该好好拾掇拾掇了，木寿千年终有一朽，留个影子画也是好的，后人能见着，又说当年学徒见过些好的，但不经人事辗转，损的损，毁的毁。 敏智点头说是。 老石又看我，问，白蓝，你是。 我，我就是喜欢，没怎么研究，更没上手做过，头些年在深圳倒是买过些硬木的，那时不算贵的，现在就只能看看了，我没敢多说。 老石，白蓝可不是喜欢，是很喜欢，自己画图，也做过些椅子杌凳，不过，敏智欲言又止。 老石一听有话，就看着敏智，敏智忙说，她做的是金丝楠，您没兴趣的。　哦，杌凳，倒是看手艺的，你别看这杌凳小，一样都不能缺的，是坐具中的基本款，老石说，我打学徒起就是硬木，老话说一黄二黑三红四白，一黄黄花梨，二黑紫檀，三红老红木鸡翅木铁力木花梨木，四白楠木榉木樟木松木，前三都是硬木，老四是柴木，金丝楠以前也不这么叫，就是楠木，做梁柱合适，做家具有些软了，一磕一个印子坑，很少拿来单独成器，即算有，也是文玩摆件的多，宫中也有，做书的匣板最好，还有就是做髹漆家具的胎。　敏智看着我，解释说硬木的工艺要求更高，一般做长了就不太愿意干柴木的活，金丝楠是好看，走的是纹饰的路子，考不出匠人的手艺，而匠人这个艺是技术，是靠技术吃饭，晚明文人拿审美来调匠人的艺，这才技艺双全，到了高峰。　老石笑，说白蓝你就听他说吧，说一百遍你都不知道这榫头怎么接。　敏智也笑，是啊。　随又起身，请老石带着四处看看，老石边走边讲，各色家具摆件玩物俱有说头，着实开眼，又老石讲起佳木轩，原是他从龙顺成出师，在厂里干了不少年碰上改制，拿钱走人，就留身手艺全家活命，赶上硬木走俏，市场好，便自己搭起炉灶，火红过日子，这些年，徒弟已能当家，自己便歇下，做个动口不动手的闲人。又说敏智，当年也是白茬没打蜡，到他这里做过一段实习生，虽没拜过师，也算未挂名的徒弟。敏智连声说是。

长聊短叙，日衔西山，老石留饭。沾师傅的光，我们吃头茬，干活都吃力气饭，碗大粮粗，汤稠菜咸，口味重，粗釉大肚短嘴壶里的闷茶我灌了三大碗，好喝。认识老石，我又多了个讨教的去处，常忙里偷闲去他佳木轩看东西，有时他在就叙聊一阵，不在就看制好的家具，听后坊里斫木叮叮刨花嘶嘶的响闹，看徒弟工人斤斧随心的自信，有梓人佳木亲于一堂的生气。

后话：

打油诗是我为白蓝所作，因为每次谈话都是在她的工作间隙和周末，她是典型的长沙女人，干活麻利，所以干的活就多，干得越多，她越麻利，当然也会麻利地抱怨一番。在她的叙述中，老石有传奇色彩，但本书不求志异，故不多叙。

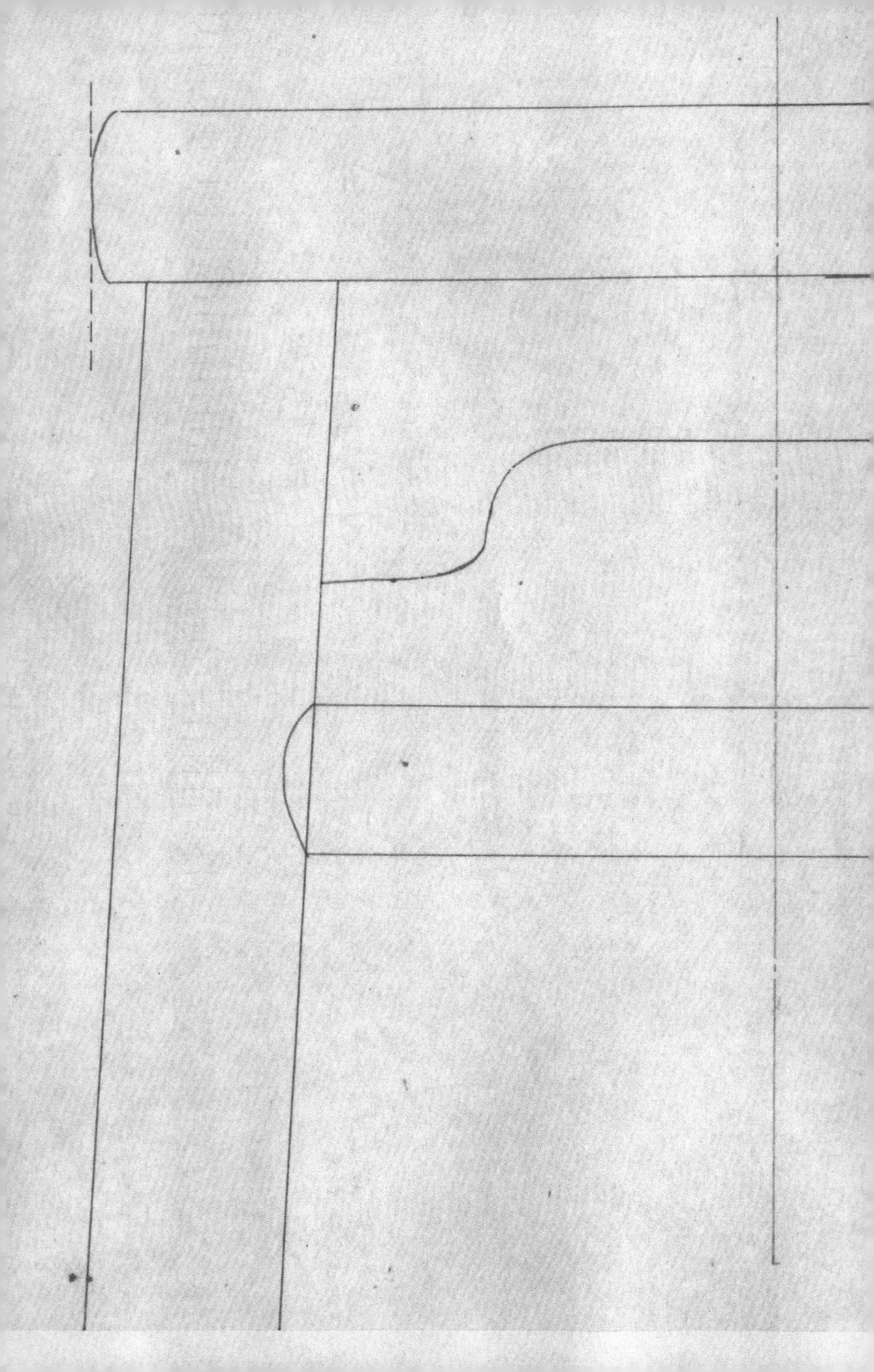

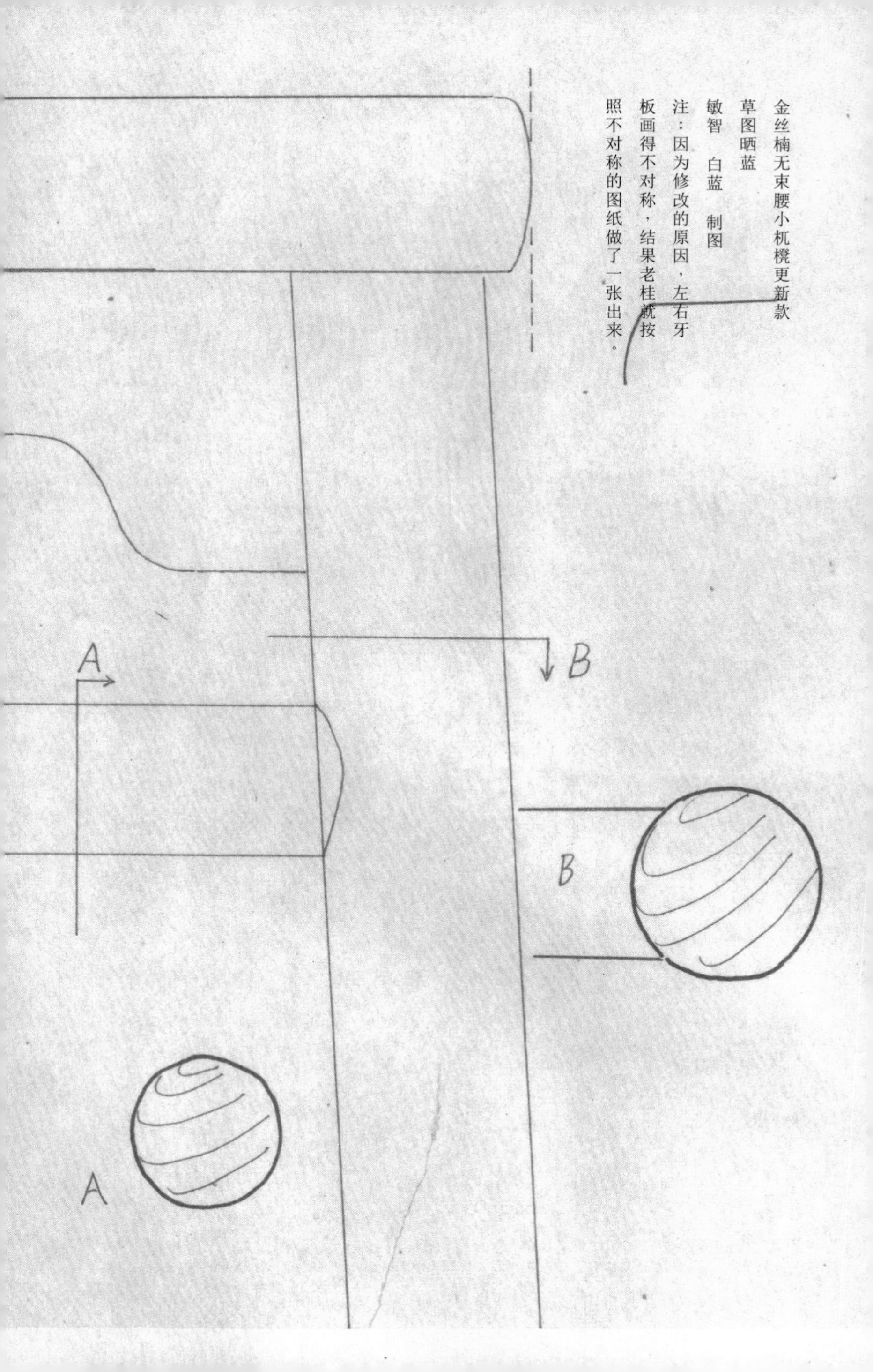
金丝楠无束腰小杌櫈更新款
草图晒蓝
敏智　白蓝　制图
注：因为修改的原因，左右牙板画得不对称，结果老桂就按照不对称的图纸做了一张出来。
A
B
B
A

老石的作坊里随意搁着张榆木机凳，尺寸与王世襄先生藏的那张相同，问来历，竟也是位大家收的，交与老石修补，一放就是十几年。

2013
金丝楠无束腰小杌櫈
仿王世襄旧藏款
杌面245×245mm
高230mm
净重1600g/只
白蓝　制图

2014

金丝楠无束腰小杌櫈

更新款

杌面245×245mm

高230mm

净重1713g/只

白蓝 制图

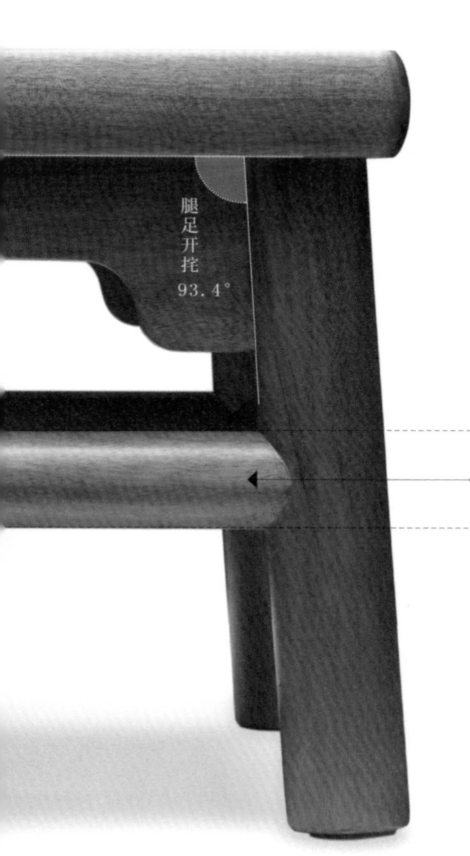

2014
金丝楠无束腰小杌櫈
更新款
杌面245×245mm
高230mm
净重1713g/只
白蓝　制图

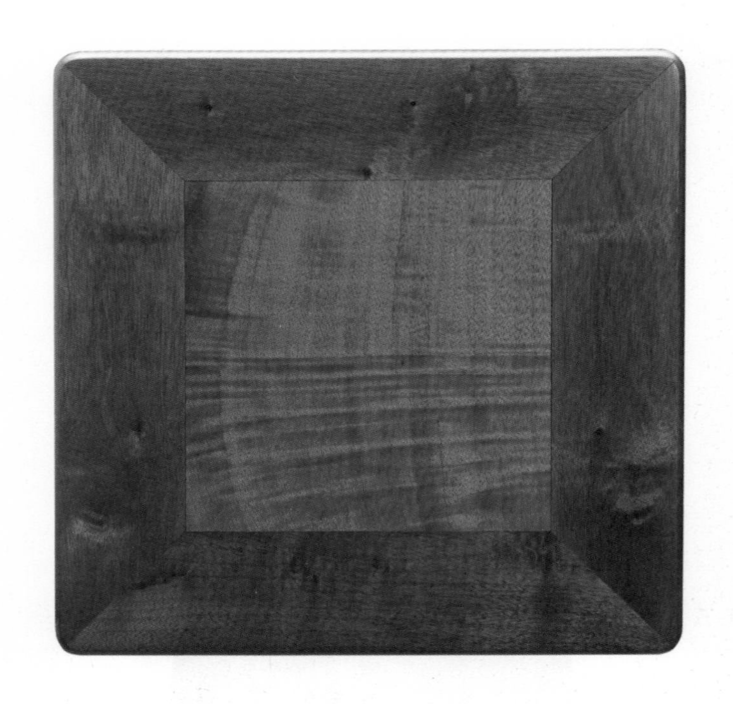

更新款杌面

更新款底面

根据金陵环翠堂刊明万历二十七年
汪廷讷撰《人镜阳秋》
版画重绘

把握

框料腿料选硬材，镶板花板选软料。
坐具必须硬木做，柜橱要选材质好。
先选面料和腿料，柜门屉面留好料。
侧面背面搭配做，内框底板剩余料。

木匠传统口诀

入冬，孩子放了课，白日里我最忙，只好老公多得空陪孩子，昼短夜长，下午早早已染了黄昏意，便打电话问老公是否备得晚餐菜蔬，叮嘱冬日食补种种，又问及孩子情形，与孩子笑说几句。　平安夜，应了西洋景，公司亦放假半日，彩球绿松麋鹿灯，白须红帽金铃铛，满满盈盈，在公司小祝一番我便急急回去，想起孩子也在等我礼物，又跑去商场寻了一阵，一人一盒彩色水笔。到家已晚了，妞妞急急地开门迎我，帮我拿手中的大包小包，芊芊跑到窗边拎着那张机凳急颠颠地跑来，喊妈妈坐着换鞋子，我看见小机凳在她手中前后晃悠，丝光烁烁。

数日后，老桂来电问是否再做，再过半月，伙计们又要回家过年。　我尚无新的想法，只能支支吾吾絮叨一阵。　待下班回家，我安排好孩子休息，就拎起机凳到房里找图纸，没想到一路拎着一路晃，还被磕碰了几下，起先我还觉得枨子没抓稳，后来觉得不对劲，就想起那天芊芊拎杌凳的晃悠样子来，看来这枨子除了高度，形状也有问题。 到了房里，对着图纸一比，也没错，圆足圆枨，枨子取圆为的是求圆浑的劲儿，又把了那张苏作来看，鹅蛋枨拎着竟是牢牢不晃，我这才意识到正圆与椭圆于人手的把握有如此差异，手的握形是正圆的，因此与正圆截面的枨子形成适合关系，适合意味着彼此不碍，就像奥运会上的单双杠，运动员那双手与杠须是不碍才能上下翻转自如，这个自如于把稳杌凳却不合适。而手的握形与椭圆截面的枨子形成角力关系，这意味着彼此支撑。 杌凳是经常挪动的小物，与手的关系较柜案床榻椅要密切。 有此发觉，我心头暗喜，连夜改图，不觉已鸟鸣嘤嘤，曙光初动。

一早跑到公司头桩事就是叫同城快递，将改好的图纸送给老桂，匆匆给他电话。 老桂一听，急了，说，昨儿问你，你含含糊糊，也不给个准话，今儿猴急马跳要做，我这年底可排得满，客户都急催，要不你下厂来盯，不然我顾头不顾腚，可别怪我。 我只能说好，又是一阵歉意，挂了电话我才缓过来，难道我不是客户。

年底果然生意兴隆，伙计们干活也劲头大，想着快回家了，好好干，桂总也不能亏待了大家。 我将伙计选出的料看过，镶面的也选了，就叫开工。 一周去一次，没两周，老桂收工放假，机凳尚未成形。 我已习惯这样，也不着急，待公司放假，全家南行，回深圳过年。 行前与敏智电话，将机凳改进事宜一一讲了，敏智听了十分高兴，说我百尺竿头进了一步，开春拿到机凳，再好生观察，兴许会有更大收获。

假日永觉短促，感觉没过又要动身，孩子复课尚有时日，便接着让老人宠，老公直接去了湖南谈项目，我一人回京开工上班。 没过十五，京城倒是极好，人少路宽，冬日暖阳一照，在风里也有春意。 十五一过，京城耸动，寒气感觉重了。 过了一周，我电话问老桂是否开工，他只说近日却不言明，搞得我一头雾水。

我着急看到新做机凳，就径直去了厂里，没料厂里竟已开工，我忙问伙计那机凳进展如何，伙计不言，示我去寻老桂。 我又去会客室，老桂正喝茶，见我，急得起来，一脸笑。 我说，老桂，什么情况。 老桂忙沏茶，说，哎呀，白蓝，这事怪我，你那机凳本已做好了，就放在这的，前两天来了客户，是定了张案子，我当然请到这里喝茶，这一喝坏了，人家见这杌凳说喜欢，问我如何作价。　我说这已卖了，客户没拿。　人家又说，既已卖了，定是有价，说来听听。　我便胡乱说了个数，谁料人家立马就拿现金，现金呐，白蓝，我这上上下下的口都张着，进项大出项也大，虽说数目不大，但螺蛳肉也是肉啊，当时就没顶住，给人家拿了去。　我心想，再做一张也来得及的，没想你这么快来了，抱歉抱歉。说完老桂就直看我颜色。　老桂总能把话说得通透，弄得我好像薄了人情，便说，老桂，人家喜欢于我也是褒奖，可惜没见到样子，你上心再做吧。　老桂一听，笑得厉害，连说放心，早安排好了，他亲自盯，又说这张料钱手工都算他的。　我笑说，老桂，你打家具不如打算盘。

三月小阳春，妞妞芊芊都回京复课。　四月新杌凳做得，取回交与家人评看。　老公听说了改进之处，点头称好。　姐妹俩亦喜欢，又拿上张杌凳放在一块，比较一番，妞妞问我，除了纹理路数，有何区别。　我便设个发现奖，让她俩去找。　结果妞妞发现三处，芊芊发现四处，多是我不曾发现之处，奖励是一顿大餐，席间妞妞问我，她和妹妹能否各选一张。　我说，再等等。

后话:

事实上，全书中的人物对话多有虚构成分，因白蓝的断续式讲述中有大量的空白，这些空白就是西医看不到的经络和穴位。按敏智说，当下对传统家具匠人的挑战主要有二，一是市场选择实际上是对材料而不是对样式的选择，传统匠作的审美只是珍稀木料的附属，这导致匠人手上的活变得粗陋。二是机器生产在带来效率的同时淘汰手作，这导致传统匠作中很多技法技能失传。

圆形的杌凳枨子使孩子拎杌凳时有些摇晃，要用双手来保持稳定。

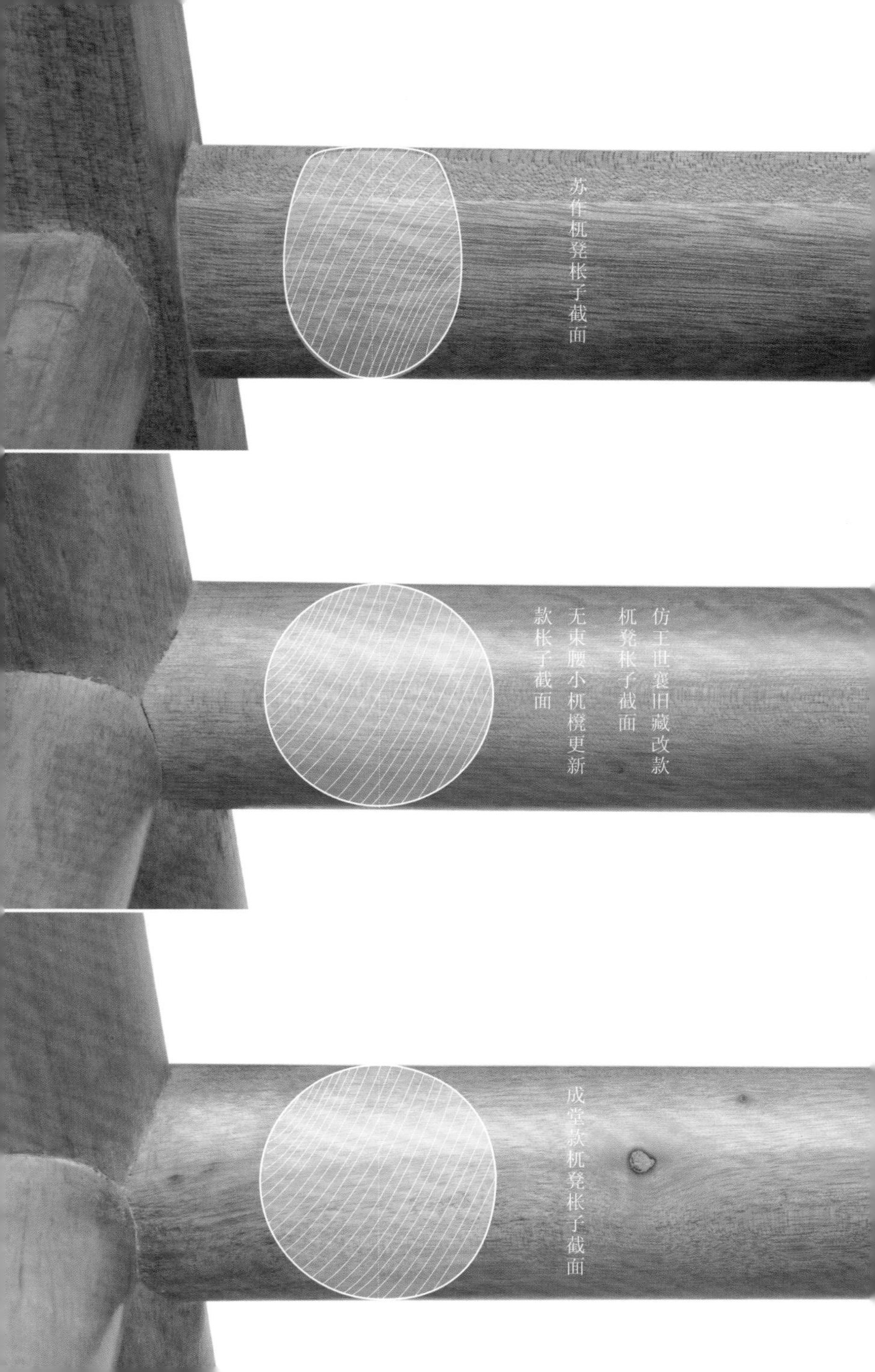
苏作机凳枨子截面
仿王世襄旧藏改款机凳枨子截面
无束腰小机櫈更新款枨子截面
成堂款机凳枨子截面

不对称圆形杌凳枨子解决了摇晃的问题，同时从杌凳表面看依旧是圆浑的，能与其他结构协调。

根据清周开泰撰《新诗造纸书画谱》

彩画重绘

三年出师六年成，八年以后好营生。
春制家具暑不做，卯鞘结构要牢实。

木匠传统口诀

月末，公司派差西安，羊肉泡馍浆水面再配上肉夹馍和桂花稠酒，我带了满肚子唐朝的味道回京，说话打嗝有了盛世的气息，与敏智讲起西安的旧贵，他亦说北京不及，明清的东西少了些雄魄和开敞，不像石刻上牵马的唐人竟是虬髯的胡客。 又与他讲起新机凳的情况，似乎已近满意，敏智仍说不急。

敏智不急，我心里没底，不知要看到什么时候，想起老石，就约他请教。 周日大早，我带了最新的机凳去佳木轩，老石已送了一拨人客，正更茶换盏，见我来了，忙招呼落座。 我说带了东西请教，老石说快快取了来。

白蓝，这机凳的手艺是相当好的，楠木不如硬木坚执，很多硬木造法都不能用。 楠木本色最上，顶多烫蜡，新料成器是金丝游弋，有了年头就收敛起来，再老些就色败如灰，你别看这败色，今天能见到的也不多。所以我有时将楠木这色变比作人生，可物在人不一定在了，它比你长久。　白蓝，任何木料本身都有可贵之处，关键是合用，所谓合用就是什么材成什么器，楠木做桌案椅子都不合用，经不起磕碰，只能供着当个赏玩。给孩子做小杌子，我觉得还真合适，轻巧，磕碰坏了也不打紧的。　老石讲完把手上的杌凳摆到地面，又端详一阵。

老石，我是希望做个传家的东西给孩子，来来回回折腾了多年，这张算是满意了，可敏智一直劝我毋急，说还可更好的。　你也知道我于家具纯是喜爱，有点改进也费大周折的，今儿拿来请你过过眼，听听你的意见。我没取得真经，口气有些着急。

老石听了一笑，又端起茶来劝茶，客气一番方缓缓说道，你知道我和敏智是怎么相识的吗，当年敏智还在读书，他先生可算是行里颇有名气的人物，姓陈，学问做得好，学问怎么做？多跑多看多上手，陈先生没事就往龙顺成跑，我在那结识了他，后我自己出来做，也常来常往，他自己带学生，就问能不能让学生也来，我说当然好了，敏智就是第一个来的。

听老石说起敏智，我亦说我与敏智的那次奇遇，老石听了，一笑，说，你知道当年他在首博看的那张方桌打哪来的吗？我摇头。 老石笑说，那方桌是打我这出去的，也是报陈先生的恩。 原来老石早年学徒时，行里流传一本书，就是艾克英文版的《黄花梨家具图考》，此书第一次对明式家具有了详尽的西式制图表述，比起口口相传的老式技艺传承要直观得多，且书中家具都是早年收到的珍品，大多流散海外，要见到实物太不容易。这种限量发行的书，他一个穷学徒可买不起，恰陈先生手上有又愿意借他观摩，限时三个月。 老石真是得了个宝贝，一个英文不识，就硬生生拿铅笔将整本书的图纸带英文全描摹下来，给自己存了个档。 按老石的说法，这描摹过程其实就对家具尺寸的精妙之处有了体会，刻印在心，时至今日仍取之不尽。 后来老石独立门户，在市面上见到那方桌，似为陈先生谈及书中最爱，便仔细勘验一番，竟与书中那张方桌毫厘不差，当下收了，告知先生来看。 先生看了便要买下，可有心无财，犯了难。 老石要还先生当年借书之恩，又能成人之美，就搭了张黄花梨炕几一并让给了先生，那炕几当时的市价抵那方桌还有富余。

我说难怪那次听敏智在方桌边滔滔不绝，原是他先生的旧藏。　老石说，敏智何止是那方桌的边边角角都量过，还在那方桌上吃过他师母做的饭。　我又问老石那桌子即是陈先生至爱，又怎会到了博物馆展出。　听到这，老石脸色一沉，闭口不言。

我知问到忌讳，忙转了话题，请老石接着讲我那杌凳。　老石瞅了一眼地面的杌凳，俯身双手端起，看了一阵，说，白蓝，你还愿改吗。　当然，你只管提，我都记下，我忙忙拿出纸笔。　老石说不必那么麻烦的，我说你听。

这杌凳大体都制得好，只是这牙板有些问题，我刚往地面扫了一眼，看见杌面下的阴影略微有些暗沉不透，就上手一端，大概是这牙板位置有些问题。　这杌凳是为你家小孩定制，轻重应是可以，不过孩子力小手小，单手拎杌子还是吃亏，不如两手端着杌面抹头稳当省力，这一端，吃劲的地方在哪，在杌面抹头与牙板，大拇指卡抹头，其他四指顶住牙板，形成钳状。　现在这杌凳，杌面与牙板的距离适合大人用手端，可几个大人会用双手端呢。　小孩的手在这个距离上要端稳却有些吃亏。所以，我的意见就是牙板与杌面交接位置深了些，若是外退几毫米，就合适了孩子，且阴影亦会通透，毕竟是孩子物件，敞亮些好。　这进退只是毫厘，所以我们做家具特别谨慎，不敢翻了重来，耗了工时不算，还损了好料。　要改，这得要看你的决心了。　老石讲完又比划一阵，我心头暗暗叫绝，老爷子眼贼手准。

取得真经，我当下大谢，老石也高兴帮了外行晚辈开眼，又多说了一阵闲话，我看已近中午时分，不好再留，便起身告辞。　老石送我出门，临走说，白蓝，好好想想再做，不急不躁才做得出好来。

后话:

白蓝说与老石相识久了，老石常会拿敏智与她比较，说敏智学得太好，拘在里面不得恣意挥洒，做学问可做得深通，要透则须有人棒喝。说她学得太少，只拿自己性情看量事物，知识在她那里没得大用，于是能看得透，但透而单薄。再后来，老石劝白蓝辞了工作，专心跟他学徒，白蓝没敢拜师。

老石摹自

Gustav Ecke (艾克)

Chinese Domestic Furniture

硫酸纸 铅笔

237×329mm

20世纪70年代

因为牙板退得深了点，女儿的小手直接扣住了牙板低端而不是杌面抹头。

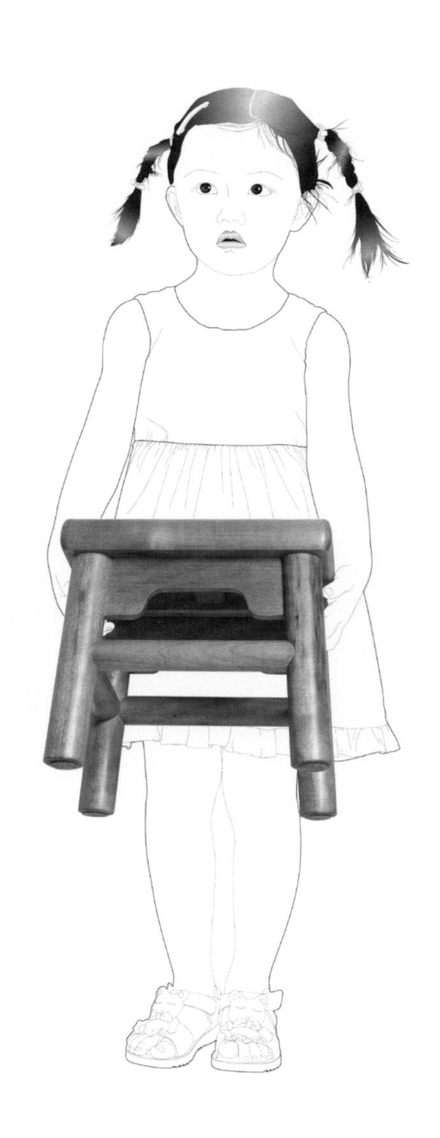

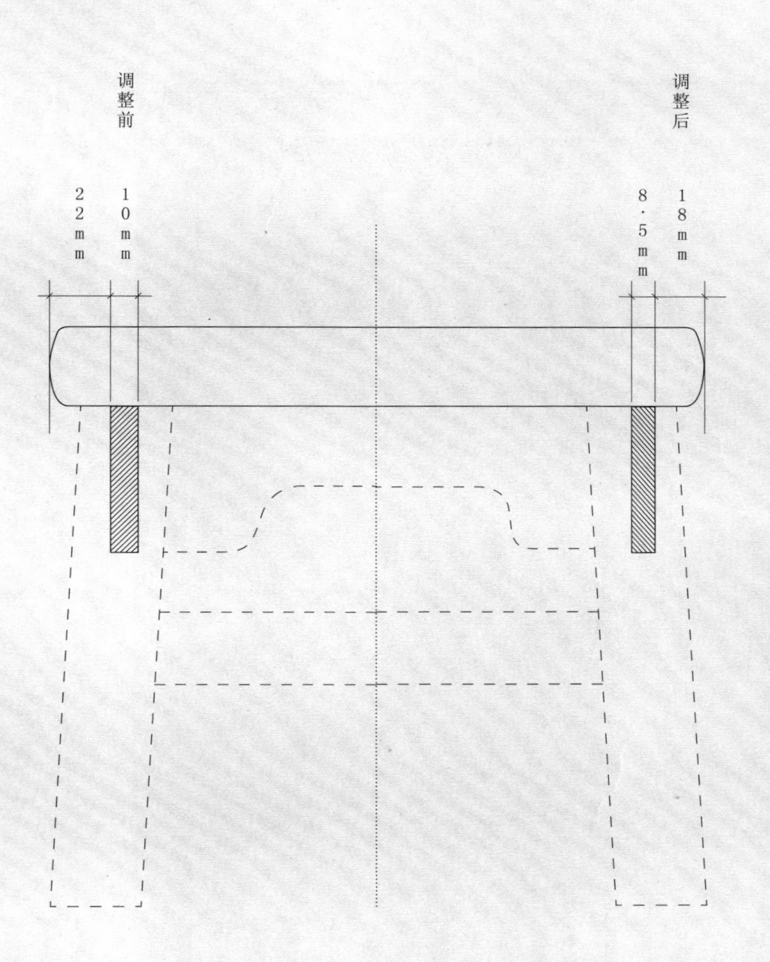
调整前
22mm
10mm
调整后
8.5mm
18mm

22mm
调整前

调整后
18mm

牙板外移四毫米，女儿的小手正好可以扣住杌面抹头了。

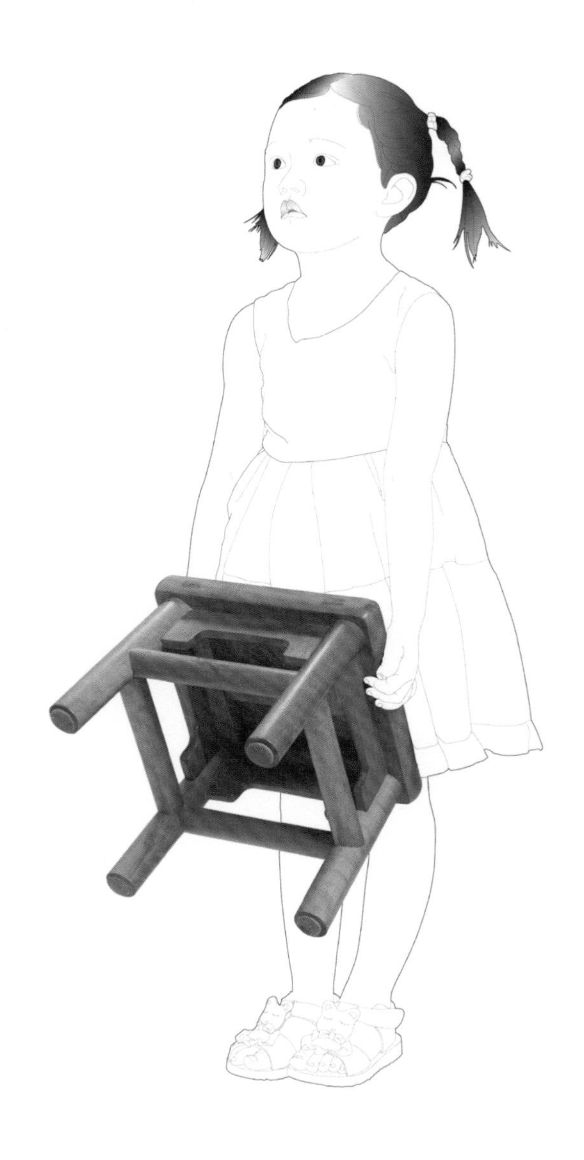

根据明沈继孙撰《墨法集要》

清乾隆武英殿聚珍版

版画重绘

意外

相传阴沉木为开辟以前之树，沉沙浪中，过天地翻覆劫数，重出世上，以故再入土中，万年不坏。

《新齐谐》［清］ 袁枚

恰如敏智所言，不急还会更好的。　我将老石的意见告知敏智，敏智叹说这行吃的年头饭，自己看得也不少，是生吞还没消化，老石则是化到骨子里了。　我说老石的意见好，但是否再做还下不了决心，毕竟存料无多。　敏智说，料他来想办法，还是要做的，因为知晓了不足，只放在图上，心里可摆不下，他这段时间有空，可以先改图纸。

我也觉心里摆不下，就决定再做。　不日，老桂来电，说敏智去他那看东西，讲起这机凳新做的事，他亦认老石的说法，会全力支持，嘱我放心。　放下电话，我心头感慨，这一路所遇之人和我一样，俱是碌碌平人，只因袭了行中的义气且又见识过传统里的高下，舍得在平常日子里相互帮衬，连计较也认真得可爱，想起朋友跟我讲胡兰成写中国的民间起兵，皆是一帮贩夫走卒，因心中有鼓鼓之气，便觉要在天地间作为一番。

四月，敏智图毕，交与我看，尺寸改好，只是牙板曲线较之前夸张了些，我不解，问敏智。敏智说这样好看，显活泼，又发了些旧例给我看，都是如此。我认可那些旧例做法，因是大人所用，且有豪门深庭的气息，与我孩子却不合适。我宁选拙意不取巧趣，因巧带着些成人的炫耀。我说与敏智，敏智却要坚持，往复几次，彼此无进退，便搁在一旁，各忙生计之事。月末，敏智来电，说图纸已改，将曲线调得缓和了，问我意见。他退，我亦退，遂将图交与老桂新做。

五月，小假一过，先是妞妞生病，从学校接回家中，不日，芊芊亦有恙，也接回家中，都请中医看过，须调养一阵，无大碍。老公又出差外地，我仍旧两头要忙，每日公司家中和药店走动，无心杌凳之事，想再过半月，待诸事安好，再往老桂处看看。不料，老桂来电说他自己拿了主意，换了杌面镶板。老桂发力，我又喜又惧，延了两日，待老公回京，便匆匆去看。

杌凳形制尺寸均按新图，拿手端了，牙板进退亦改好，只是老桂拿阴沉木料做的镶面，色黑而透，纹路影影绰绰，侧光一照似深海翻出波澜，好看。记得老桂与我讲过这镶料极不易得，价值不菲，他怎会用如此好料，我可负担不起。　老桂送走客户，进来见我满脸狐疑，笑问，你觉得怎样。　我说，形制都好，只是这镶面有些意外，好看是好看。　老桂说，这镶料可是阴沉木中的金丝楠瘿木，叫楠木瘿子，纹理特殊，比这更好的就有满面葡萄等花纹，是顶级的镶料，又土里水里浸染千年，给这纹理包了层润泽之气，雅得实在有层次。原是给客户做大柜镶面用的，料都备了，打完样，客户又改尺寸，正好留有余材，想都没想，这个便宜得给你。我忙作揖表谢，说，老桂这我可受不起。　老桂说何须客套，相识这么久，知你做这杌凳也是不易，反复斟酌，往常客户也有纠结的，但都不如你这般用劲。　每每我以为做得称你心意，每每都被你和敏智寻出些破绽，敏智我不说，这是他本行，你却山重水复一村村，村村有店，我不得不服，这回我已想明白了，好生按你的图做，再配得上佳的镶料送你，结结实实地成全你的念想，我就不陪你玩了，再玩就没底了，你也可省省，家里又不印钞票，也没得金山银山让你挖。

我没想到老桂先拿个蜜罐哄我，自己却脚底抹油要开溜，拿北京话说就是大撒把，不禁怒从心头起，恶向胆边生，顿觉那杌凳镶面生了厌恶，可惜我缺副好口齿，切切地要骂却找不到佳词绝句。 想是老桂见我脸挂愠色，忙忙去沏了茶来，又堆着笑说，白蓝，你可别动怒，你知道我的，一半是匠人一半是商人，做徒弟就想着能做个好木匠，把师傅那点手艺都揣到自己兜里，为什么，为的比师傅活得好，开门做生意就想着手艺能卖个好价钱，为什么，为的比别人过得好，这些年也见得豪门巨贾一掷千金，买了我的手艺也只是当个玩意儿，有几个能知道其中之好和心思所在，我心里当然清楚。 起初你找我做杌凳，我以为你就是玩玩，给小孩一个玩具罢了，这已够奢侈，你扫听扫听，有几个拿金丝楠给孩子做玩具的，我的客户唯你一人，可万没想到你是抬眼望山高，低头脚不歇。 你和敏智一度让我也起了兴头，因为你们是真喜欢，把我当年那学徒的心气给勾搭出来了，但喜欢归喜欢，该停还要停。 你玩具也好，传家也好，得有个尽头吧。 白蓝，说实话，给你做这杌凳，我是没亏的，我是怕你亏。

老桂说话是柳暗花明，不服不行，他一瓢水灭了我心头怒火。 看样子我还得谢他，可这面子薄了挂不住，定是不能谢的。 我端起茶，呷了一口，对老桂说，老桂，你说的我也明白，你没亏，我也高兴，你怕我亏是拿我当了朋友，都是过平常日子，确也不易。　我做这杌凳，是想给孩子们留个念想，当个传家的物件，贵贱不论但要放了心血进去，传给她们我才心安。　好多年前我没见过高山，做得了就以为好，买下了就以为好，可好真是抽象，而人是那么真切的在你面前有着生气，那些好是装不下的。　这几年遇见敏智，遇见你，是得了贵人相助，一分分地改，才把杌凳做成今日模样。我已不敢说不好，孩子们也喜欢，这传家的念头结了又长，孩子大了也都明白我心思，其实这已足够。　今天老桂你要我结了这念，我听你的，不过这镶面的杌凳我断不能收的，你心意已到，不言谢了，还请选剩的存料做得一对，就感激不尽了。

后话：

那对杌凳老桂自留了一阵，我见了照片很是喜欢，白蓝便从老桂那收来当礼物送与我，她说这对杌凳大拙且富贵逼人，我听了后就一直收在柜中未敢示人，此次整理书稿，特特取出见光，白蓝笑我守财相，的确如此，珍材难得，当守之。

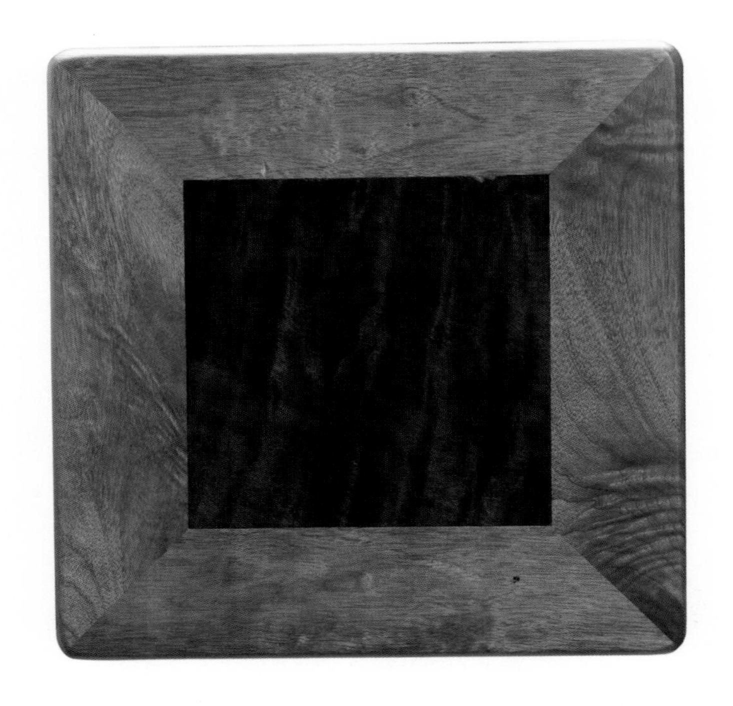

阴沉木款机面

阴沉木款底面

2014

金丝楠无束腰小杌櫈

阴沉木款一对

杌面245×245mm

高230mm

净重1600g/只

白蓝　制图

2014

金丝楠无束腰小杌凳

阴沉木款一对

杌面245×245mm

高230mm

净重1600g/只

白蓝　制图

根据清周开泰撰《新诗造纸书画谱》

彩画重绘

一时歇了戏，便有婆子带了两个门下常走的女先儿进来，放了两张杌子在那一边，贾母命他们坐了，将弦子、琵琶递过去。贾母便问李薛二人，听什么书，他二人都回说「不拘什么都好。」贾母便问：」近来可又添些什么新书？」两个女先回说：「倒有一段新书，是残唐五代的故事。」

《红楼梦》第五十四回
史太君破陈腐旧仓
王熙凤效戏彩斑衣

六月日生烟，几场雨下，老天把风一收，北京城就开始蒸馒头。我忙着公司派下的大小事务，联络各色人物，安排酒会宴席，预备妥帖礼物，诸事种种都加上文化的名号，就像北方喜事，馒头上总要蘸个红点才显得对。

老桂的事我告知了敏智，他听了亦无话，想是因两头都好，拂了谁的意都不合适，只说不急，看看再说，又拿宫里的新展说事，邀了带孩子去看。我听他做如此说，大抵也明白意思，想想也是日子短短，万物都有个始终，若拘于此，反倒讨了不自在，不好看也不好玩了。他在宫中见过那许多旧物，主人俱已不在，物是人非的感觉应是比我强烈，他只是不说，好花让它自谢，让我自己走上一走，回头也是要自己来转身，当下释然，我便觉得一切又平常了。

武英殿的夏展没了去年的巨制，赵孟頫的《浴马图卷》围了一堆人，拐角有唐伯虎的《事茗图卷》，也围了一堆人，八大的雁鸟依旧怪眼朝天，这人世他是不希得看的。 孩子喜欢吴历晚年画的《山水图册》，当做十页连环画，看得养眼。 好东西不管多久，看了总能见到人，米芾写信絮叨两句也有他的情谊，书生曹法寿在敦煌镇上抄写《华严经》，隔了一千五百年，笔底的黄沙和恭敬的模样也是在的。 我想起去年江西乡下戏台子匾上的久看愈好，应该也是村里老秀才的手迹，平正不奇，安心得很。

敏智一直在忙他的影像档案，说到年底成书他就不用再埋到地下干活，可以在宫墙一角的小院里，有苍松古柏野猫鸦雀相伴，将他这些年在地下发的牢骚细数出来，拿到太阳下晒晒，多少会有些发光的东西。 看他笑笑地说话，我觉得他可以讲到白头。

老石依旧很闲，接待一批批访客和如敏智年少时般的学生，我去看他，他拿甜白盖碗沏茶给我喝，依旧诲人不倦，讲些他经历的轶事奇人，带我看后坊里新做的紫檀案子，阳光透过老槐绿匝匝的叶洒了案上一把碎金子，蝉鸣鼓噪，有山河日丽的丰饶。 若有心，老石也是可以成书的。

夏至过，头伏来，馒头屉子没揭开，老天又来添新柴。 妞妞芊芊已放了课，妞妞去了夏令营，芊芊待在家中涂涂画画，间或背背新学的诗歌，老公留在家中处理事务顺便看孩子，我出几趟差，见些人，换几枚名片，说些发展的寄语，有惊无险地度过若干次航班的气流颠簸，庆幸能回到家与老公孩子在一张桌上吃饭，能早起到菜场挑点新鲜菜，连砍价我都渐渐忘了技巧。 只是老桂，一直没有电话，也不确定那次他是否答应了我的要求。

头伏走，二伏来，新柴烧尽要加薪，心头开花遍地栽。 公司念我辛劳于酷暑间，就施了人道，小补了些防暑费，正高兴，老桂竟来了电话，热情依旧，大意是忙得很，白昼里热，活大多是晚上干，出活量少了，订单积压一堆，电话天天催，我那杌凳他真还没顾得上，抱歉之余也表示一定会安排好。 能接到老桂电话，我已觉放心，就不急着催他，又寒暄问候几句。 妞妞夏令营归来，黑得不像个女孩，她也不在意，胃口好得很，芊芊坐她边上吃饭，胃口也好。 妞妞的姐姐意识强了很多，平常带着妹妹玩，又批评芊芊哪里对哪里错，什么该吃什么该少吃什么不该吃，我和老公一旁看着，只觉得女儿好，小小的有了顾家怜人的样子，笑说若我们呆老了她也像教育芊芊一样待我们，就真没白养。

二伏去，三伏来，朗朗乾坤何处呆，大槐树下雀徘徊。北方好像讲究伏天吃饺子，我们全家都错过头伏二伏，趁着三伏来，我煮了一大锅速冻饺子，芊芊把扇摇脑袋，妞妞则端着杌凳到茶几边画画，老公也不给面子，说我们南方人从来不这么对付。面子碎了满地，我一狠心，报了个周末面食速成班。第一周，我们娘仨都学会了包饺子。第二周，没去成，老桂来电说杌凳做好，请了去看。

有一阵没去老桂那里，还是熟悉的味道，只是人少了，阳光透过厂棚的明瓦打出一条条光束，老桂就站在光束下，锯末屑子粘了一脚，见我打招呼，手还是大。杌凳摆在厂棚一角的柴木案上，一字排开四张，我回头看老桂，他笑笑说，你让拿存料做一对，我当时没说，其实就够一张的料了，别人的料又动不得。我前段日子也没闲着，四处扫寻居然还寻到了些，做大件是不行的，心想干脆都做了杌凳，一开料就开出四只来，你看看这四只的纹路，虽不是整料开的，竟都有些呼应，镶的机面也是两两应和，白蓝，我过手的家具物件想要如此契合一般要寻个三五年，这次真是巧遇机缘，两只成对，四只成堂。 我仔细看了，如老桂所言。 老桂又说，你不必担心，上回做的一对你不收，我也没卖了去，自己留着包浆。 这四只就算一对的工钱，另一对我定要送你的。 你若不收，今后我们可就不好见面了，就算敏智和你一块来，我也只当你是寻常客户，讨价还价而已。 老桂要拿回上次驳了的面子，他这一激，我竟觉得好笑了，就像两个要好的小孩，起了争执，记仇的不记仇的都要有个分明，如此才能玩下去。 我笑说，老桂，这份礼我当然要收，有你这好心好手艺，保不准我以后还要再做。 老桂听了一愣，随又哈哈笑起来，说，白蓝，你就是这锯末屑子，真真的扫不掉。 我说，老桂，你就是把鲁班尺子，好坏都量得准准的。

回家路上我又有些犹豫，一气拿了四只杌凳家去，估计老公会忍不住要说的，妞妞芊芊会怎么选也不得而知。 到了家，老公带芊芊去了菜场，妞妞一人在画画，见了忙把我手里的杌凳接了，我说，楼下还有两只，你去取了来。 她一溜烟就下去了。 没多会儿，他们仨齐齐回了，老公拎着对金丝小杌凳，妞妞抱着个翠绿小西瓜，芊芊摇着把素面小竹扇，我说你们这是大丰收啊，老公放了杌凳说，你才是大丰收，这一下来了四只，怎么也得有我一只吧。

四只杌凳先让孩子们选，妞妞和芊芊选的正好合了一对，另一对归了我和老公。　吃过晚饭，老公把西瓜切了，一人一块，拿小杌凳围坐一起啃西瓜，妞妞坏了门牙，吃得满脸粉红沙瓤，芊芊拿纸巾给她擦脸，姐妹俩咯咯地笑，我们也笑。　窗外来了一阵凉风，斜阳初坠，蝉鸣愈静，老天是三伏生秋，我们是四杌成堂。

后话:

四杌成堂，可能是白蓝传家路上真正的意外，她讲到这时也是一脸的幸福，还说敏智又发现了些问题，建议她改，她当时就决定不改了。她问我意见，我说酒喝微醉，花看半开，有余地才有进退，故事讲到这就行了。她也同意。

成堂款杌凳的牙板白蓝改过，敏智说改得太愣，脱不了学设计的习气。

妞妞的杌凳杌面

芊芊的机凳机面

白蓝的杌凳杌面

白蓝老公的杌凳杌面

牙板内侧边缘也打磨得圆润，不会勒了手。

机凳上的瑕疵我们没有
在图像上修理掉，因为
确实有。

妞妞的杌凳

芊芊的杌凳

白蓝老公的杌凳

白蓝的杌凳

我们将作坊里能找到的工具都摆在一起，本想逐一注名，但又放弃了，按老石的说法，和手艺一样，这些物件早已不齐全了。

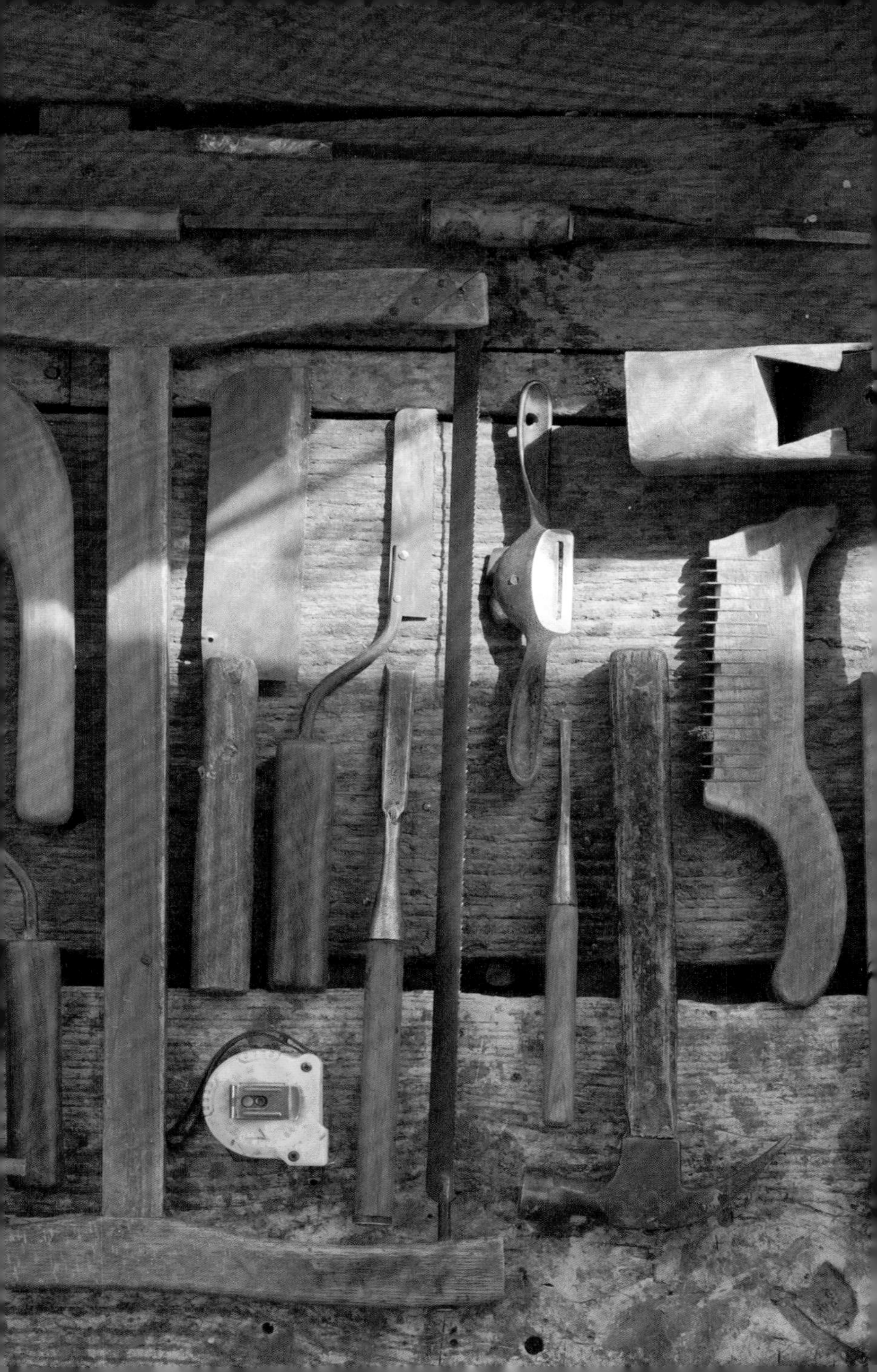

后记一

朋友想仿做一件上海博物馆藏紫檀插肩榫大画案，约我画张图纸。 事毕，天生吝纸的我，看那两开的图纸上还空着一大块，忍不住随手勾了件小品——方凳。确切说是两件，图纸中轴线一分为二，尺寸相同，细节不同，一憨一秀。 然后呢，我就忘记这事了。 幸有好友白蓝女生，一个倔强的设计师，在她的“折腾”下不但按图打就了样品，而且斟酌尺度，改进工艺，四易图稿，生生地做出了小朋友们坐上去就不愿意起来的小凳。 确实好舒服，我自己用了一些时日也离不开了，始料未及。

曹群和他的团队是有心人，在聆听机凳的故事后，竟依此写成小说，不久前示与我。 小说写得隽秀，一口气读完后，如香茗入喉，但是这不是重点，重点是有些感动。 作为一名学习古代家具多年的人，看多了冰盘沿、束腰、挖度、飘肩之类的术语，习惯了咀嚼、消化、使用甚至制造这些冷冰冰的词语，突然看到了这么“不专业”的一篇文章，如餐后小点心，愉悦伴随着感动。感动什么呢？家具里我们的文化和感情记忆！家具的研究者们，虽然已经开始走出原来鉴定、断代、类比、考证的藩篱，将视野放到家具文化乃至中国文化的的范畴，诠释其中的文化因素，然而，对于感情记忆的挖掘，我很少看到，曹群的团队是一个。

奶奶小的时候坐在小凳子上抱着你讲那孙猴子的故事；游戏时你当马儿骑着凳子；妈妈喊你吃饭让搬小凳子过来；学校开大会的时候让自己带把小凳子；大学回家的时候携个小凳子上火车……这些记忆你有没有？那个小凳子呢？白蓝的还在，你的呢？

好了，不讲这些了，我的任务是讲解这个简单又复杂的小凳子——楠木刀牙板方凳，用我最熟悉的语言。

方凳的用材为楠木，取其质轻便、色淡雅、纹优美、味清香。另外，憨朴造型，也最宜楠木。

凳造型甚简单，无一处多余。座面为攒边做法，即以四框打槽装薄心板，下承穿带。边框中两对边出榫，为大边，另两边凿眼为卯，是抹头，此处大边采用双榫头，即在座面转角还有小榫头与抹头结合的做法，是比较考究的做法。 座面框侧立面是弧形，这种做法叫“素混面”，工匠们多形象地称之为“指甲圆”“泥鳅背”。

座面底有一个横向的穿带，它的作用是为座面提供支撑力，同时又约束座面，防止变形。

座面下为牙板，两端为牙头，下垂如刀，故称之为刀牙板。 刀牙板简素文雅，显现纹路自然优美，边缘做成弧度优美悦人，这是明式家具的经典做法。 牙头是家具断代的参考，明代制者多阔而短，具朴质风貌，清代早期趋于窄而长，以秀美见长，清中期往后牙头弧度趋于僵直。

腿足自上向下往外斜出，谓之“挓”，挓度是家具比例关系重要的一环，此凳第一次改进时就增加了挓度，使之视觉和结构上，更加稳固。 此凳的腿足断面为外圆内椭，有些特别。 此外，还有一种外圆内方的做法，是比较秀气的方案。

腿足间以横枨相连，横枨和腿足交接的方式是在腿足上凿长方卯眼，然后横枨出榫头，榫头两旁会余下一段带弧度的木料，形有点像叉，刚好与腿足吻合，工匠们一般称之为飘肩。　横枨的截面最初做成圆形，为了避免相邻的两个横枨内侧抵在一起，将内侧修平了些，形成外侧半圆形内侧半椭圆形的样式。　其实最简单的方法是将横枨做细，但是随之是比例的改变，故舍弃这一方案。　此处，横枨还有一种是椭圆形，下端平切，苏作的家具常采用这种做法。

整体而言，这种结构，是最简单的结构，此凳的设计理念本身，是想做一个朴实无华，又处处遵循传统家具造型和结构规律的家具，其实也是某一阶段对家具的认识。　虽是随意勾在纸上，但也早就反复掂量好久，为什么呢？因为作为一个接触家具这么多年的人，过目千万计，于是每一个结构的处理方式有数种的方法，都有些难以割舍，落于朴素，心里多多少少有些不舍。

写完上面的文字，我有些反悔了，它毕竟就是一个凳子，坐上去就是，凳子不重要，重要的是坐在上面的光阴，如何走过。

张志辉

2014年9月3日初稿

2014年9月23日增补后3段

泡一杯清茶，拿起这本书稿，随便翻开一页，无心地看看。 因为无心，所以慢，因为慢，所以心越来越清静。 这是书么？我似乎不愿意回答自己这个问题，因为我已经沉浸在作者的心境中。 我享受这种状态。

一条坐的凳子，一个似乎是很“低贱”的家具，然而，一旦融入作者百般的热忱之后，便成为了至高无上的珍品。 当然，木料是非常考究的，做工是极其精细的，估计价格也是相当昂贵的，但如果只是停留在这些表象上，那还远远不够，我从中看到的是作者的心、作者的情，作者将激情融入优雅、将万象融入细节、将平凡赋予情趣，这才是真正难能可贵的。

道在生活中，离了生活没有道。 作者正是把自己的点滴融入家庭、融入生活、融入细节，才使人生变得如此浪漫、充实而富有诗意。 原来，高尚的生活并不是用金钱能买来的，只要用一颗爱心去善待一切、笑对一切，幸福就在你的身边，根本用不着向远处、高处去寻找。 这是一个多彩的、个性的时代，每个人都有自己的追求，但归根结底，无非都是为了自在和快乐。可有趣的是，绝大多数人一辈子都在追求的路上，却很少得到结果。 反过来看作者，他现在不正生活在自在与快乐中么？他不像某些人那样谈玄论道，但无意中，他已经达到了相当高的境界。 “大道至简”，原来真正这么简单。 而我们常常“求不得”，是因为我们人为地把事情搞复杂了。

如果谁看了这本书觉得搞收藏很赚钱，想把它当作生财之道，我说他是小瞧了这本书。 这本书不是教你赚什么、得什么的。 当你放下外在的奢华，回归眼前的恬淡，回归自己的本心的时候，看似世界小了，实际上，一片前所未有的蓝天将向你展开。

陈方

世和学堂

2014年11月18日

附录

参考文献

[1] 王世襄编著．王世襄集·明式家具研究．北京：三联书店，2013.

[2] 王世襄编著．明式家具珍赏．第 2 版．北京：文物出版社，2003.

[3] 伍嘉恩．明式家具二十年经眼录．北京：故宫出版社，2010.

[4] [清] 曹雪芹原著．新批校注红楼梦．
[清] 程伟元，高鹗整理．张俊，沈治钧评批．北京：商务印书馆，2013.

[5] [明] 北京提督工部御匠司司正午荣汇编．新镌京版工师雕斫正式鲁班经匠家镜．李峰注解．海南：海南出版社，2003.

[6] Gustav Ecke. Chinese Domestic Furniture in Potographs and Measured Drawings. New York: Dover Publications, Inc. 1986

[7] 楠书房编．美成在久：金丝楠之美．北京：故宫出版社，2012.

[8] [明] 王圻，王思義编集．三才图会．上海：上海古籍出版社，1988.

[9] 胡兰成．今生今世．北京：中国长安出版社，2013.

数字资源

[1] 美国大都会艺术博物馆： http://www.metmuseum.org

[2] 书格： http://shuge.org

鸣谢

感谢周士琦先生、贺西林先生、石少义先生、张志辉先生、陈方先生为本书的写作提供宝贵的建议和指导。感谢中央美术学院文化城市研究中心给予的支持和帮助。

关于作者

曹群，看好艺术设计创办人之一，在中央美术学院攻读博士学位，研究城市文化，业余设计和写作。

白蓝，书中主角，此处毋需多言。

赵格，看好艺术设计创办人之一，中央美术学院艺术设计专业毕业，资深美女设计师，篆刻与面食爱好者。